Finite Element Calculation Method and Analysis

of Hydrostatic Lubrication

液体静压润滑有限元
计算方法及分析

黄 禹　荣佑民　曹海印　著

华中科技大学出版社
http://www.hustp.com
中国·武汉

内 容 简 介

本书内容主要基于国家自然科学基金项目取得的成果。本书利用有限元计算方法对液体静压支承静动态特性进行了详细介绍,给出了编写计算机程序的整体思路,并对计算结果进行了详细研究与分析。这可提高读者对液体静压支承润滑机理的认识,也可使读者更加清晰地了解流体力学有限元计算方法的基本理论,还可提升编程能力。

本书可作为计算力学和计算数学工作者、机械工程专业本科生或研究生及相关专业师生的教材或参考用书,也可作为流体力学基础理论研究人员及相关工程技术人员的参考用书。

图书在版编目(CIP)数据

液体静压润滑有限元计算方法及分析/黄禹,荣佑民,曹海印著.—武汉:华中科技大学出版社,2020.11

ISBN 978-7-5680-6702-7

Ⅰ.①液… Ⅱ.①黄… ②荣… ③曹… Ⅲ.①液体静压力-润滑-有限元法-研究 Ⅳ.①O351.1

中国版本图书馆 CIP 数据核字(2020)第 214761 号

液体静压润滑有限元计算方法及分析 　　　　　　　　　　黄　禹　荣佑民　曹海印　著
Yeti Jingya runhua Youxianyuan Jisuan Fangfa ji Fenxi

策划编辑:万亚军
责任编辑:程　青
封面设计:原色设计
责任监印:周治超
出版发行:华中科技大学出版社(中国·武汉)　　　电话:(027)81321913
　　　　　武汉市东湖新技术开发区华工科技园　　　邮编:430223
录　　排:武汉市洪山区佳年华文印部
印　　刷:湖北新华印务有限公司
开　　本:710mm×1000mm　1/16
印　　张:10.5　插页:2
字　　数:217 千字
版　　次:2020 年 11 月第 1 版第 1 次印刷
定　　价:78.00 元

前　　言

　　运动支承作为制造装备的基础部件,是制造装备精度链、刚度链的重要部分,其承载力、刚度等特性是制造装备力学性能的重要组成因素,直接影响着制造装备的执行精度。国外精密重型/超重型机床和超精密制造装备已较广泛地使用液体静压支承作为主轴系统和进给系统的关键运动支承部件。随着高端制造装备对运动支承的精度、速度和承载性能要求的极端化,液体静压支承正逐渐成为当今高速、精密及重载运动系统结构的主要发展方向。

　　液体静压支承具有近零摩擦、无磨损、效率高、运动平稳、能够有效隔离振动传递等优点,且工程适应性好,较好地满足了重型/超重型精密加工装备、超精密加工制造装备对运动支承的性能要求,广泛应用于航空、航天、航海等领域中的高端微纳米精度加工装备中,如 IC 制造装备、超精密加工机床、高档激光加工装备等。其直接影响了高端制造加工装备的系统级运动稳定性与精度性能。在研究液体静压支承的过程中,为研究其内部润滑机理,首先需对流动主控方程进行离散化,现有的流动主控方程的离散化方法主要有有限元方法、有限差分法及有限体积法。有限元方法对复杂的数学物理问题有着广泛的适应性,随着电子计算机技术的高速发展,其在力学、物理及工程中的应用越来越广泛。

　　目前,国内外尚缺乏利用有限元方法对考虑多因素的液体静压支承静动态特性基础理论方面进行数值计算的专著,故本书将重点关注利用有限元计算方法来解决考虑多因素的液体静压支承性能的数值计算及分析问题,计算全部采用 Matlab 编程实现。本书首先从液体静压润滑基础知识入手,系统介绍雷诺方程、广义雷诺方程及其有限元计算方法,并针对考虑表面粗糙度、非牛顿润滑、滑移、油垫倾角等因素的液体静压支承静动态特性进行有限元计算与分析。本书第 1 章讲解了液体静压润滑基础知识;第 2 章讲解了雷诺方程及广义雷诺方程的推导过程,并以经典的孔入式液体静压径向轴承为研究对象,详细阐述了雷诺方程的有限元计算方法;本书第 3 章至第6 章仍以经典的孔入式液体静压径向轴承为研究对象,其中第 3 章和第 4 章主要研究了其基本的静动态特性及稳定性,第 5 章建立了考虑表面粗糙度的雷诺方程,利用有限元计算方法进行求解及分析,第 6 章则建立了考虑非牛顿和滑移的广义雷诺方程,同样利用有限元计算方法对其进行求解及分析;在利用有限元计算方法探究了经典的孔入式液体静压径向轴承的基本特性后,本书第 7 章尝试将该有限元计算方法应用于液体静压导轨,建立了考虑油垫倾角的广义雷诺方程,并提出了新的方法对其进行网格划分,进而利用有限元计算方法进行求解及分析。

本书所使用的研究方法及获得的成果,将为精密重型/超重型机床和超精密高端制造装备系统级运动稳定性与精度性能提供基础的理论依据与技术支撑。故本书可作为计算力学和计算数学工作者、机械工程专业本科生或研究生及相关专业师生的教材或参考用书,也可作为流体力学基础理论研究人员及相关工程技术人员的参考用书。

本书主要由华中科技大学黄禹教授、荣佑民博士、曹海印博士撰写,参与本书撰写工作的还有吴若麟、李建、陈润昌等博士,另外,硕士研究生李宇恒和陶宇轩协助完成了文字及格式修改方面的工作。本书在撰写过程中还得到了课题组同事们的大力指导和帮助。在此一并表示感谢。

本书内容主要基于国家自然科学基金重点项目——高性能流体静压支承系统的基础研究(编号:51235005)和国家自然科学基金面上项目——基于非高斯粗糙表面重构的超精密液体静压导轨微流场分析及微振动主动控制(编号:51875223)的部分成果。在此,特别感谢国家自然科学基金委员会的资助,感谢段正澄院士、邵新宇院士对本科研工作给予的指导和支持。

因时间关系和水平所限,书中难免有诸多不足之处,恳请广大读者批评指正。

作者

于华中科技大学先进制造大楼

2020 年 7 月

目　　录

第1章 液体静压润滑基础知识

1.1 润滑油的主要性质

在机械系统中,支承部件(包括轴承和导轨等)是实现机械运动的载体,其精度和性能是决定整个装备精度和性能的关键因素。按照运动形式,运动支承可分为滑动支承和滚动支承。滚动支承目前十分常见,但由于其是刚性接触,在重载、超高速和强扰动等工况条件下,适应性会受到较大限制:滚动体与保持架之间存在滑动摩擦,滚动体与内、外圈滚道的接触往往是非纯滚动,导致的发热、磨损、振动等问题限制了运动速度进一步向超高速提升;另外,滚动体与内、外圈滚道多为点或线刚性接触,这必然会导致局部应力过大及内、外部振动传递等问题,因此使用滚动支承的制造装备很难突破微米/亚微米级加工精度的极限。

滑动支承中液体滑动支承可分为静压支承和动压支承两大类。动压支承需要较高的相对运动速度,依靠楔形效应产生动压油(气)膜,相比滚动支承精度更高,噪声更低,结构更简单,不过在启动和停止阶段动压支承承载力小,易磨损,精度、刚度、寿命等都有局限性。相比之下,静压支承借助外部的供油(气)系统,在运动副之间直接供入压力介质形成油(气)膜,承载力大,工作时接近零摩擦、无磨损、效率高、运动平稳,能够有效隔离振动传递,且工程适应性好,较好地满足了重型/超重型精密加工装备和超精密加工制造装备对运动支承的性能要求,成为高端制造装备实现高精度、高稳定性的有效手段。

而在液体静压领域,润滑油是一个十分重要的组成部分,起到承载、降温、隔开定子与动子等一系列作用。因此,在正式研究液体静压之前,了解润滑油的相关性质是十分必要的。

润滑油为流体的一种,其主要性质即流体的基本物理性质。其中密度、重度、黏度是影响稳定状态下油膜压力和流量的重要物理性质。

1.1.1 密度和重度

单位体积的润滑油所具有的质量称为密度,一般用 ρ 表示,单位是千克/米^3(kg/m^3),计算公式为

$$\rho = \frac{m}{V} \tag{1-1}$$

单位体积的润滑油所具有的重力称为重度（或称容重），一般用 γ 表示，单位是牛/米³（N/m³），计算公式为

$$\gamma = \frac{G}{V} \tag{1-2}$$

重度等于密度和重力加速度的乘积，即

$$\gamma = \rho g \tag{1-3}$$

1.1.2　黏度

流体在外力的作用下流动，一部分在另一部分上面流动时将受到阻力，这是流体的内摩擦力。润滑油在流动时产生内摩擦力的性质称为润滑油的黏性。因此润滑油在静止状态下不呈现黏性。

黏度是度量流体黏性的物理量，是润滑油的重要物理性质之一，其物理意义为：在相距单位距离的两个液层中，使单位面积液层维持单位速度差所需的切向力，一般用 μ 表示。其同剪切应力和层流间的速度梯度的数学关系如下：

$$\tau = \mu \frac{\mathrm{d}u}{\mathrm{d}y} \tag{1-4}$$

黏度的计量单位有多种。

1）动力黏度

动力黏度（也称绝对黏度）直接表示润滑油因黏性产生的内摩擦力大小，常用 μ 或 η 表示。在国际单位制中动力黏度的单位为牛·秒/米²（N·s/m²）或帕·秒（Pa·s），

$$1\ \mathrm{Pa \cdot s} = 1\ \mathrm{N \cdot s/m^2}$$

在 CGS 制中动力黏度的单位为泊（P），工程单位为千克力·秒/米²（kgf·s/m²）。

$$1\ \mathrm{kgf \cdot s/m^2} = 98.0665\ \mathrm{P}$$

2）运动黏度

为计算方便，引入运动黏度的概念，常用 ν 表示，物理意义为在同温度下动力黏度与密度的比值，即

$$\nu = \frac{\eta}{\rho} \tag{1-5}$$

在国际单位制中，运动黏度的单位为米²/秒（m²/s）。在 CGS 制中，运动黏度的单位为厘米²/秒（cm²/s），称为斯（St），其换算关系如下：

$$1\ \mathrm{cSt} = 10^{-6}\ \mathrm{m^2/s} = 1\ \mathrm{mm^2/s}$$

3）相对黏度（条件黏度）

相对黏度是指用特定的黏度计在规定条件下直接测量的黏度。因测定条件不同各国的相对黏度单位也不同。常见的有恩氏黏度、赛氏黏度、雷氏黏度等。

我国采用的恩氏黏度（$°E_t$）指一定温度下 200 mL 润滑油从恩氏黏度计中流出所

需的时间(s)与 200 mL、20 ℃的蒸馏水从该恩氏黏度计中流出所需的时间的比值。常用测定温度有 20 ℃、50 ℃、100 ℃,故常见的恩氏黏度为 $°E_{20}$、$°E_{50}$、$°E_{100}$。

恩氏黏度与运动黏度、动力黏度的换算关系如下:

$$\nu = 0.0731°E_t - \frac{0.0631}{°E_t} \ (\text{cm}^2/\text{s}) \tag{1-6}$$

$$\eta = 0.00065°E_t (\text{kgf} \cdot \text{s}/\text{m}^2) = 0.00637°E_t (\text{Pa} \cdot \text{s}) \tag{1-7}$$

以上介绍了三种黏度计量方法,而在实际应用中,液体黏度往往不是一个常值,温度和压力对黏度均有影响:温度升高,分子间吸引力减小,黏度减小;压力增大,分子间吸引力增大,黏度增大。下面将详细介绍黏度同温度和压力的具体关系。

1) 温度对黏度的影响

温度对黏度的影响与液体种类有关,不同种类液体的温度变化对黏度的影响规律有所不同。在 50 ℃时,对于运动黏度不超过 74 cSt 的矿物油,当其温度在 30～150 ℃时,黏度可近似用下式计算:

$$\nu_t = \nu_{50} \left(\frac{50}{t}\right)^n \tag{1-8}$$

式中:ν_t——温度为 t 时的运动黏度;

ν_{50}——温度为 50 ℃时的运动黏度;

n——指数,如表 1-1 所示。

表 1-1　指数 n

ν_{50}	3	6.2	9.4	11.4	20.5	28.4	36.2	43.8	51.5	59	66.6	73.9
n	1.39	1.59	1.72	1.79	1.99	2.13	2.24	2.32	2.42	2.49	2.52	2.56

若给出了液压油的黏温图,则可直接根据黏温图查询对应温度下的黏度大小。

2) 压力对黏度的影响

压力对黏度的影响可以由下列经验公式确定:

$$\nu_p = \nu_0 (1 + 0.001\Delta p) \tag{1-9}$$

式中:ν_0——一个大气压时的运动黏度;

ν_p——压力为 p 时的运动黏度;

Δp——压力差。

通常情况下,当设备处于恒温室内且工作压力变化不大时,可忽略温度和压力对黏度的影响。

1.2　流体的流动性质

流体在流动时,因受流速等因素的影响,常常具有不同的流动状态,这些状态大致归为两种,即层流和紊流。本节将介绍层流和紊流的基本性质,以及用于判断流动状态的无因次数——雷诺数。

1.2.1 层流与紊流

当轴承间隙中润滑油流速较小时,流体质点沿着与间隙平行的方向做平滑直线运动,流体分层流动,互不混合,这种流动状态称为层流。

随着流速的逐渐增大,流体流动时各质点间的惯性力占主要地位,流体各质点不规则地流动,流体的流线开始出现波状摆动,摆动的频率与振幅也随之增大直至难以清晰辨认,流场中出现涡旋现象。这种流动状态称为紊流。

通常以雷诺数来区分流体流动状态是层流还是紊流。

1.2.2 雷诺数

雷诺数用于表征流体惯性力与黏滞力的相对大小,是判别流动状态的无因次数,记为 Re。定义式为

$$Re = \frac{\rho v d}{\mu} \tag{1-10}$$

式中:ρ——润滑油密度;

v——润滑油流动的特征速度;

d——润滑油流动的特征长度;

μ——润滑油的动力黏度。

雷诺数较小,意味着流体流动时各质点之间的黏性力占主导地位,流体各质点平行于管路内壁有规律地流动,为层流状态。雷诺数较大,惯性力占据主导地位,流体流动呈紊流状态。 一般情况下,管道雷诺数 $Re < 2100$ 时流体流动为层流状态,$Re > 4000$ 时为紊流状态,$2100 < Re < 2400$ 时为过渡状态。在不同的流动状态下流体的运动规律、流速分布等都是不同的。因此雷诺数的大小决定了黏性流体的流动性质。

一般认为静压、动静压轴承间隙内流体的流动均为层流。

1.3 牛顿剪切定律及非牛顿流体

1.3.1 牛顿剪切定律

1687 年,牛顿完成了简单的剪切流动实验。他在平行平板之间充满黏性流体,然后固定下板,匀速平移上板,最终发现两板间速度分布服从线性规律,且作用在上板的力的大小与板的面积、板的运动速度成正比,由此他提出了牛顿剪切定律。

牛顿剪切定律是黏性流体力学中一条重要的定律,适用于大多数黏度较小的流体,其数学表达式为

$$\tau = \eta \frac{\mathrm{d}V}{\mathrm{d}h} \tag{1-11}$$

式中:η——润滑油的动力黏度(Pa·s);

　　　τ——润滑油层间剪切应力;

　　　$\dfrac{\mathrm{d}V}{\mathrm{d}h}$——速度梯度。

符合牛顿剪切定律中的线性关系的流体称为牛顿流体,不符合线性关系的流体称为非牛顿流体。

1.3.2　非牛顿流体

随着液体静压技术的发展,传统牛顿润滑剂的局限性开始显现。为了改进液体静压轴承的特性,研究人员在许多方面进行了尝试,其中一个有效的方法就是选用不同的润滑剂,即在传统的牛顿润滑剂中加入一些特定的添加剂,使得润滑剂的切应力与速度梯度之间的关系从线性关系变成非线性关系。常用的非牛顿润滑剂模型有耦合应力(couple stress)流体模型、罗宾诺维奇(Rabinowitsch)流体模型和宾厄姆(Bingham)润滑模型。

1)耦合应力流体模型

斯托克斯(Stokes)分析了一些流体在流动过程中产生的耦合应力,给出了耦合应力流体的剪切应力与速度梯度之间的关系:

$$\tau = \eta \frac{\partial u}{\partial z} - \psi \frac{\partial^3 u}{\partial z^3} \tag{1-12}$$

2)Rabinowitsch 流体模型

Rabinowitsch 流体的剪切应力与速度梯度之间的关系如下:

$$\tau + k\tau^3 = \eta \frac{\partial u}{\partial z} \tag{1-13}$$

式中:k——非牛顿因子。当 $k=0$ 时,流体为牛顿流体;当 $k>0$ 时,为伪塑性流体;当 $k<0$ 时,为膨胀性流体。

3)Bingham 润滑模型

Bingham 润滑剂的剪切应力有一个临界值,在低于临界值时,剪切应力为 0;高于临界值时,剪切应力与速度梯度成正比,数学表达式如下:

$$\eta \frac{\partial u}{\partial z} = 0, \quad \tau \leqslant \tau_0 \tag{1-14}$$

$$\eta \frac{\partial u}{\partial z} = \tau, \quad \tau > \tau_0 \tag{1-15}$$

1.4 流体动压形成原理

流体动压润滑,是指当轴旋转将润滑油带入轴承摩擦表面时,由于润滑油的黏性作用,当达到足够高的旋转速度时,润滑油就被带入轴和轴瓦配合面间的楔形间隙内而形成流体动压效应,即在承载区内的油膜中产生压力。当压力与外载荷平衡时,轴与轴瓦之间形成稳定的油膜,从而实现流体动压润滑。

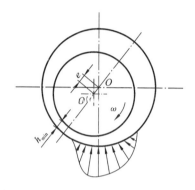

图 1-1 所示为液体动压轴承工作原理示意图。若轴承处于静止状态时,轴因自重将处在最低位置,当轴开始旋转时,由于润滑油具有黏性,轴依靠油液与轴之间的黏性力带动润滑油一起旋转,因轴与轴瓦之间存在一楔形油膜,油膜厚度沿轴的旋转方向逐渐减小至最小值 h_{min} 后增大,油液随楔形油膜厚度减小会发生挤压进而压力升高,即产生了动压,在油膜厚度最小处附近压力达到最大值。随着轴的旋转速度增大,动压升高直到足以平衡轴所受的外载荷 F,轴在轴承中浮起,形成动压润滑。

图 1-1 液体动压轴承工作原理示意图

根据流体动压的形成原理可以看出,动压轴承形成动压润滑的基本特征如下:
(1) 具有一定的初始间隙;
(2) 润滑油具有一定的黏度;
(3) 轴表面与轴承表面发生相对运动;
(4) 轴因载荷发生偏心;
(5) 具有完备的供油系统。

1.5 油液在平行平板、圆台、 环形缝隙中的黏性流动

液体流经静压支承时的流动情况对支承性能有很大影响。计算静压支承的流量,不仅是为了合理地选用油泵,更重要的是通过一定的流量和所需要的液流阻力(液阻)而产生一定的压力差。而油液在流经平行平板、圆台、环形缝隙等不同的结构时,其流量计算公式均有所不同,因此分别分析油液在平行平板、圆台、环形缝隙等结构中的黏性流动是很有必要的。

1.5.1　平行平板缝隙的黏性流体流动

1) 两固定平板

如图 1-2 所示,两固定平板水平放置,相互平行,在两平板平面的中线上任取一点作为直角坐标系的原点,其 x 轴与平板平面平行,正方向为流体流动方向;其 y 轴垂直于平板。设液体只沿 x 轴方向流动。

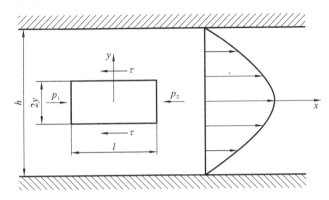

图 1-2　两固定平板间黏性流体流动示意图

在液体中取一长 l、宽 b、高 $2y$、关于 Oxz 平面对称的微块进行研究,其左右两端分别受到大小为 p_1、p_2 的静压力作用,上下面受到大小为 τ 的内摩擦力,其方向与流体流动方向相反。在稳态下该微块受力平衡,即 $\sum F_x = 0$,由此可以得到:

$$2p_1 yb - 2p_2 yb - 2\tau bl = 0 \tag{1-16}$$

根据式(1-16),可以得到 τ 关于 p_1、p_2 的表达式:

$$\tau = \frac{p_1 - p_2}{l} y = \frac{\Delta p}{l} y \tag{1-17}$$

当流动发展为层流后,流速 u 只与 y 坐标有关,此时牛顿剪切定律可以表示为

$$\tau = -\mu \frac{\mathrm{d}u}{\mathrm{d}y} \tag{1-18}$$

将式(1-18)代入式(1-17)后对两边进行积分,并结合边界条件:当 $y = \pm 0.5h$ 时,$u = 0$,解得 u 关于 y 的关系式:

$$u = -\frac{\Delta p}{2\mu l}\left(y^2 - \frac{h^2}{4}\right) \tag{1-19}$$

再将其在 y 方向上进行积分,即可得到流体流经平行平板的流量公式:

$$Q_1 = 2\int_0^{h/2} u \mathrm{d}A = -2\int_0^{h/2} \frac{\Delta p}{2\mu l}\left(y^2 - \frac{h^2}{4}\right)b\mathrm{d}y = \frac{bh^3 \Delta p}{12\mu l} \tag{1-20}$$

式中:μ——动力黏度;

b——平板沿坐标系 z 方向宽度。

2) 存在相对运动的两平行平板

存在相对运动的两平行平板可简化为一平板固定,另一平板运动。由于本小节只考虑无滑移牛顿流体,因此在液体剪切效应下,运动平板将带动流体流动,假设压差为 0,即不考虑压力对流体的作用,此时流体流速 u 与坐标 y 成线性关系,则 z 方向上宽度为 b 的平面的流量公式如下:

$$Q_2 = 0.5uhb \tag{1-21}$$

3) 存在相对运动及压差的两平行平板

存在相对运动及压差的两平行平板间流动示意图如图 1-3 所示。显然此时两平行平板间的流量为上述流量 Q_1 和 Q_2 的和或差,流量公式如下:

$$Q = Q_1 \pm Q_2 = \frac{bh^3 \Delta p}{12\mu l} \pm \frac{1}{2}uhb \tag{1-22}$$

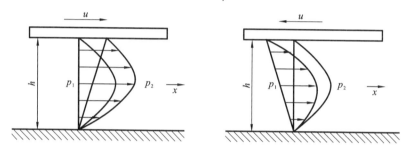

图 1-3　存在相对运动及压差的两平行平板间流动示意图

4) 圆管黏性流动

圆管黏性流动流量公式的推导思路与平行平板流量公式的推导思路一致,圆管可看作特殊的平行平板,在图 1-4 所示的直径为 d 的圆管中取一段圆柱体液柱,其半径为 y,长度为 l,左端所受压力为 p_1,右端所受压力为 p_2,由压力差所产生的推力 p 的大小为 $(p_1 - p_2)\pi y^2$。而由于层流间存在速度差,产生剪切力 τ,从而阻止液柱向右流动,阻力的大小为 $2\pi y l \mu \mathrm{d}u/\mathrm{d}y$。综上,根据受力平衡,得

$$(p_1 - p_2)\pi y^2 = 2\pi y l \mu \frac{\mathrm{d}u}{\mathrm{d}y} \tag{1-23}$$

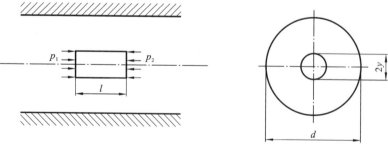

图 1-4　圆管黏性流动示意图

将两边同乘以 $\mathrm{d}y$ 并进行积分，结合边界条件：$y=0.5d$，$u=0$，得到速度 u 的表达式：

$$u=\frac{\Delta p}{4\mu l}\left(\frac{d^2}{4}-y^2\right) \tag{1-24}$$

再对速度 u 进行积分，即可得到圆管黏性流动的流量公式：

$$Q=\int_0^{d/2}u\mathrm{d}A=\int_0^{d/2}\frac{\Delta p}{4\mu l}\left(\frac{d^2}{4}-y^2\right)2\pi y\mathrm{d}y=\frac{\pi d^4\Delta p}{128\mu l} \tag{1-25}$$

1.5.2 圆台的黏性流体流动

1）圆形油腔圆台缝隙流量

如图 1-5 所示，空心圆台内外径分别是 r_1、r_2，压力分别为 p_1、p_2，上表面与上平面距离为 h。在半径为 r 处取宽度为 $\mathrm{d}r$ 的圆环，其展开后可视为宽度为 $2\pi r$、高为 h、长度为 $\mathrm{d}r$ 的两平行平板缝隙，则引用上述平行平板流量公式，得

$$Q=\frac{2\pi rh^3\Delta p}{12\mu\mathrm{d}r} \tag{1-26}$$

考虑到圆台面上液体压力并非线性变化的，将 Δp 替换为 $\mathrm{d}p$；又由于压力随半径增大而减小，为了保证流量 Q 为正，将公式修正为

$$Q=-\frac{\pi rh^3}{6\mu}\frac{\mathrm{d}p}{\mathrm{d}r} \tag{1-27}$$

$$-\frac{6\mu Q}{\pi rh^3}\mathrm{d}r=\mathrm{d}p \tag{1-28}$$

对式（1-28）两边进行积分，得到

$$\int_{p_1}^{p_2}\mathrm{d}p=-\int_{r_1}^{r_2}\frac{6\mu Q}{\pi rh^3}\mathrm{d}r \tag{1-29}$$

$$p_1-p_2=\frac{6\mu Q}{\pi h^3}\ln\left(\frac{r_2}{r_1}\right) \tag{1-30}$$

通常情况下 p_2 可视为 0，因此流量公式为

$$Q=\frac{\pi h^3 p_1}{6\mu\ln\left(\frac{r_2}{r_1}\right)} \tag{1-31}$$

2）环形油腔圆台缝隙流量

如图 1-6 所示，环形油腔油液一部分向内流，一部分往外流，油腔内外径分别是 r_2 和 r_3，圆台外径为 r_4，中心回油半径为 r_1。设圆台外围和中心压力为 0，根据式（1-28），环形油腔圆台缝隙流量为

$$Q=\frac{\pi h^3 p_1}{6\mu\ln\left(\frac{r_4}{r_3}\right)}+\frac{\pi h^3 p_1}{6\mu\ln\left(\frac{r_2}{r_1}\right)} \tag{1-32}$$

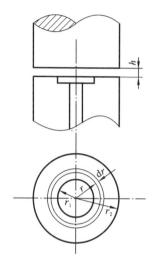
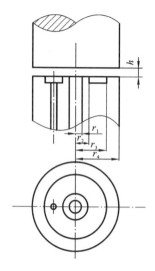

图 1-5 圆形油腔圆台缝隙示意图　　　图 1-6 环形油腔圆台缝隙示意图

1.5.3 环形缝隙内的黏性流体流动

若环形缝隙内外圈同心,如图 1-7 所示,则可将其展开,近似简化为宽度为 πd 的两固定平板。如此即可根据上述两固定平板流量方程,直接得到同心环形缝隙流量方程:

$$Q=\frac{\pi d h^{3}\Delta p}{12\mu l}\qquad(1\text{-}33)$$

但在实际中,环形缝隙内外圈往往不同心,如图 1-8 所示,此时环形缝隙大小随角度 α 变化,计算公式如下:

$$y=R+e\cos\alpha-r\cos\gamma\qquad(1\text{-}34)$$

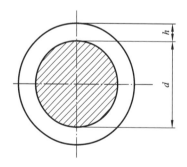
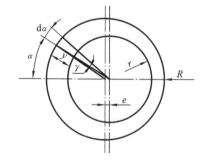

图 1-7 同心环形缝隙示意图　　　图 1-8 偏心环形缝隙示意图

通常情况下角 γ 很小,可以忽略,因此公式变换为

$$y=R+e\cos\alpha-r=h(1+\varepsilon\cos\alpha)\qquad(1\text{-}35)$$

式中:$h=R-r$,是内外圈同心时环形缝隙大小;

$\varepsilon = e/h$，为相对偏心率。

取一段宽度为 $r\mathrm{d}\alpha$ 的微小缝隙，该微小缝隙内流体的流动可认为无限接近平行平板间流体的流动，即将内外环展开，分别视为平板，则根据平行平板流量公式，该微小缝隙的流量为

$$\mathrm{d}Q = \frac{by^3 \Delta p}{12\mu l} = \frac{ry^3 \Delta p}{12\mu l}\mathrm{d}\alpha = \frac{rh^3 \Delta p}{12\mu l}(1+\varepsilon\cos\alpha)^3\mathrm{d}\alpha \tag{1-36}$$

则偏心圆环缝隙黏性流动流量公式为

$$Q = \int_0^{2\pi} \frac{rh^3 \Delta p}{12\mu l}(1+\varepsilon\cos\alpha)^3\mathrm{d}\alpha = \frac{\pi dh^3 \Delta p}{12\mu l}\left(1+\frac{3}{2}\varepsilon^2\right) \tag{1-37}$$

式(1-37)说明偏心时圆环缝隙流量为同心时的 $(1+3/2\varepsilon^2)$ 倍。

1.6 液体静压润滑的节流器

在恒压供油的液体静压轴承中，压力元件主要负责调节腔体内油膜压力，形成压差从而承受载荷。目前通用的压力元件是节流器，按照工作原理，节流器可分为固定节流器和可变节流器。固定节流器的节流液阻与载荷变化无关，固定节流器主要有小孔节流器、毛细管节流器两种固定节流器；可变节流器也称反馈节流器，其节流液阻会随着载荷的变化而变化，主要有滑阀节流器、薄膜反馈节流器。

1.6.1 节流器的工作原理

节流器是恒压控制方式的供油系统中重要的压力调节元件，在一定程度上决定了静压轴承支承性能的优劣。在恒压供油的静压支承系统中，节流器在工作原理上类似于串联电路中的分压电阻。图 1-9 所示是定常节流器的工作原理示意图。图1-10所示是节流器供油管路的等效电阻串联电路示意图。

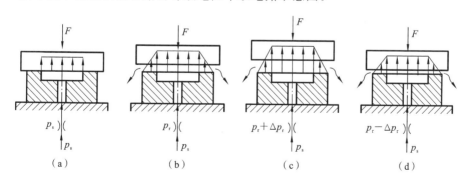

图 1-9 定常节流器的工作原理示意图

假设系统的供油压力为 p_s，节流器的液阻为 R_a 并保持不变，封油面的液阻为 R_b，F 为外载荷。在系统开始供油时（见图 1-9(a)），由于滑动件的自重和外载荷的

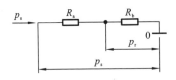

图 1-10　节流器供油管路的等效
电阻串联电路示意图

作用,滑动件与封油面之间无间隙,此时封油面的液阻趋于无穷大,由图 1-10 可知,此时封油面承担的压力 p_r 几乎与供油压力 p_s 相同。当油腔压力与油腔面积的乘积超过外载荷(包括滑动件自重)时,滑动件开始浮升,油膜间隙增大,封油面的液阻 R_b 减小,相应的油腔压力 p_r 也会减小,直至油膜支承力与外载荷相等,油膜间隙达到稳定状态(见图 1-9(b))。当外载荷增大时,滑动件会下降,封油面油膜间隙减小,封油面液阻 R_b 变大,分担的压力 p_r 也相应增大,当油腔压力与面积的乘积和外载荷相等时,滑动件到达平衡位置,形成新的平衡状态(见图 1-9(c))。相反,当外载荷减小时,油膜压力和油腔面积的乘积将大于外载荷,滑动件将浮升,油膜间隙增大,封油面液阻变小,油腔内压力相应也变小,当油膜支承力与外载荷相等时,滑动件到达新的平衡位置(见图 1-9(d))。为使节流器能有效地分担和调节压力,节流器的分压比的取值范围一般为 $p_r/p_s = 0.4 \sim 0.7$。

1.6.2　常用节流器

1. 小孔节流器

一般直径 d_0 和长度 L_0 充分小的孔称为小孔。液压油流经小孔节流器时会因黏性剪切力而导致一定的沿程能量损失,由于 L_0 充分小,该能量损失在计算过程中可以忽略不计,因此可以将小孔内的流体当作理想流体。由理想流体能量守恒定律(即伯努利原理)可得

$$\frac{p_s}{\rho g} + \frac{v_1^2}{2g} = \frac{p_0}{\rho g} + \frac{v_0^2}{2g} \tag{1-38}$$

式中:p_s、v_1——入口压力、入口速度;

　　　p_0、v_0——流经小孔后的压力、流速。

根据流量守恒原理,流体在相同时间内流过的总流量相等,记流量为 Q_0,则有

$$v_1 = \frac{Q_0}{s_1} \tag{1-39a}$$

$$v_0 = \frac{Q_0}{s_0} \tag{1-39b}$$

式中:s_1——入口截面大小;

　　　s_0——小孔截面积。

将方程(1-39a)和方程(1-39b)代入方程(1-38)并化简,得

$$\frac{Q_0^2}{2g}\left(\frac{1}{s_0^2} - \frac{1}{s_1^2}\right) = \frac{p_s - p_0}{\rho g} \tag{1-40}$$

由于 $s_1 \gg s_0$,因此方程(1-40)左边括号内的 $1/s_1^2$ 可以忽略不计,故方程(1-40)可以变成

$$Q_0 = s_0 \sqrt{\frac{2(p_s - p_0)}{\rho}} \tag{1-41}$$

实验发现，Q_0 的计算值总是大于实际测量值。由于流体在流经小孔后会产生流束收缩，因此需要对计算值进行修正，通常情况下是将计算值乘以一个修正系数 α，实际测得 α 值一般为 $0.6 \sim 0.7$，因此实际方程变为

$$Q_0 = \frac{\alpha \pi d_0^2}{4} \sqrt{\frac{2(p_s - p_2)}{\rho}} \tag{1-42}$$

从方程(1-42)可以得出，小孔节流器压差的平方根与流量成正比，该压差是液压油流经小孔时因直径突变而引起的压力突变。可以利用小孔的这个特点来制作小孔压力元件，用以调节液体静压轴承油腔压力。同时由式(1-42)可知，流经小孔的流量与流体黏度无关，这是小孔节流器的重要特性。

2. 毛细管节流器

毛细管是细长圆管的俗称，令其内径为 d_c，长度为 l_c，为了保证流体在管内的流动状态为层流，要求毛细管的长径比 $l_c/d_c > 130$，此时，流体在毛细管内做轴对称流动。以毛细管中心线为 z 方向，流体沿 z 方向的流速为 v，截取毛细管节流器内一段长度为 $\mathrm{d}z$ 的流体单元，图 1-11 给出了流体在此方向上的受力情况。

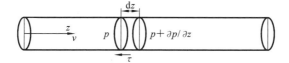

图 1-11　黏性流体流经细长管示意图

在该段流体上运用牛顿第二定律，有

$$p \pi r^2 - \left(p + \frac{\partial p}{\partial z}\right) \pi r^2 - 2\pi r \mathrm{d}z \frac{\partial v}{\partial r} = p \pi r^2 \mathrm{d}z \frac{\partial v}{\partial z} \tag{1-43}$$

由于毛细管内流体的流动状态为层流，因此有

$$\frac{\partial v}{\partial r} = \frac{\partial v}{\partial \theta} = 0 \tag{1-44}$$

式中：θ——圆周角，从 x 轴正方向起，沿逆时针方向，取值范围为 $0 \sim 2\pi$。

将式(1-44)代入式(1-43)并化简得

$$\frac{\partial v}{\partial r} = \frac{r}{2\eta} \frac{\partial p}{\partial z} \tag{1-45}$$

速度 v 满足无滑移边界条件，即在管壁 $r = r_c$ 处等于零，可解得

$$v = \frac{r^2 - r_c^2}{4\eta} \frac{\partial p}{\partial z} \tag{1-46}$$

对速度在 $0 \sim r_c$ 上进行积分，可得到流体通过毛细管的流量，即

$$Q = \int_0^{r_c} 2\pi r v \mathrm{d}z = \frac{\pi d_c^4}{128\eta} \frac{\partial p}{\partial z} = \frac{\pi d_c^4 (p_s - p_0)}{128\eta l_c} \tag{1-47}$$

因此,由式(1-47)可知可以利用流体通过毛细管的流量与毛细管两端压差成正比的关系来制作压力元件。

3. 滑阀反馈节流器

滑阀反馈节流器是利用滑阀阀芯与阀体两个圆柱面间的长度 l_c 和间隙 h_c 形成的液阻来实现节流作用的,如图 1-12 所示。油液流过长度 l_c 流入间隙 h_c,从而产生压差。滑阀反馈节流器是利用位置反馈来调节液阻大小的,当主轴承载后,轴会沿施加载荷的方向产生位移,滑阀反馈节流器具有调压作用,其两端安装有压缩弹簧,且滑阀两端压力不等,在压力差的作用下,滑阀阀芯向压力小的一侧移动,从而使滑阀阀芯两端的节流长度发生变化,进一步调节两端压力,使主轴向上移动,可达到反馈效果。

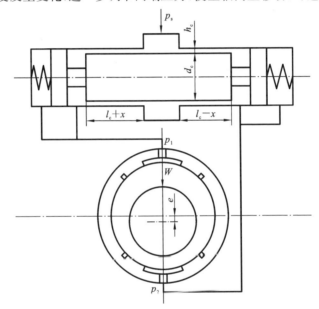

图 1-12 滑阀反馈节流器工作原理

滑阀反馈节流器流量公式为

$$Q = \frac{\pi d_c h_c^3 (p_s - p_0)}{12 \eta l_c} \tag{1-48}$$

4. 薄膜反馈节流器

薄膜反馈节流器是利用弹性薄膜与节流圆台之间的微小间隙产生的液阻来实现节流的。如图 1-13 所示,轴承上两对相对布置的油腔分别连接一个薄膜反馈节流器。

在无外加负载状态下,回转工作台自重的影响可忽略,在提供一定的供油压力情况下,液压油流经小孔节流器进入油腔,由于主轴未产生位移,因此各静压轴承油腔的油压和油膜间隙都相等,此时薄膜上下两面的压力相等,薄膜无上下弯曲现象,此状态为理想状态。

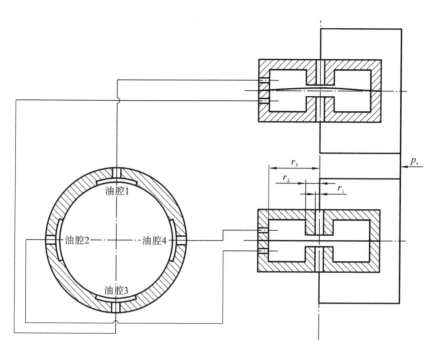

图 1-13 薄膜反馈节流器工作原理

　　主轴在载荷作用下,会产生微小位移 ε,由于节流器的调压作用,油腔产生压力差 $\Delta p = p_3 - p_1$。油膜在当前压力差的作用下支承载荷,同时,载荷又"反作用"于薄膜上。由于 $p_3 > p_1$,薄膜向上凸起。因此流经油腔 1 的液阻增大,使 p_1 下降;相反油腔 3 的压力继续增大。因此油腔 3 与油腔 1 的压力差进一步增大,使主轴浮起,实现自反馈调节功能。

　　薄膜反馈节流器流量公式为

$$Q = \frac{\pi h^3 (p_s - p_0)}{6\mu \ln \dfrac{r_2}{r_1}} \tag{1-49}$$

第 2 章　雷诺方程及其有限元计算方法

　　1886 年,雷诺(Reynolds)在一系列假设和简化的基础上由纳维-斯托克斯(Navier-Stokes)方程推导出了雷诺方程。从数学的观点来看,对流体薄膜润滑的研究可以看作对纳维-斯托克斯方程的一种特殊形式的研究,而静压和动静压混合轴承采用的外部供油形式则可以看作在雷诺方程的基础上增加了额外的边界条件。从 B. Tower 著名的火车滚轮滑动轴承实验到雷诺方程的提出,人们初次懂得形成流体薄膜是流体动力润滑的基本机理。雷诺方程是基于与纳维-斯托克斯方程相同的假设条件并结合质量守恒方程推导出来的,雷诺方程中含有黏度、密度、油膜厚度等参数,这些参数决定着压力场、温度场。在所有针对液体动力润滑支承特性的研究中,油膜的压力分布始终是研究轴承支承性能的核心。完整的雷诺方程是一个时变的二阶偏微分方程,它描述了在一定时刻内整个流体薄膜的压力分布状态。

　　由于雷诺方程形式的复杂性,在不经过简化处理的情况下很难得到解析解。因此,现阶段对雷诺方程的求解多采用数值解法。国内的绝大多数研究均采用有限差分法求解雷诺方程,而有限差分法在计算进油流量时采用的是分块近似算法,不可避免地会造成一定的误差,导致悬浮轴承的性能计算不准确。为了详细阐述雷诺方程及其有限元计算方法,2.3 节和 2.4 节将以经典的孔入式液体静压径向轴承为例,详细阐述雷诺方程的有限元解法全过程,将理论与应用进行结合,这更有利于加深读者对雷诺方程的建立与求解全过程的理解。后续各章的研究都将以本章内容为基础。

2.1　雷诺方程及广义雷诺方程

2.1.1　雷诺方程

　　在正常工作的滑动轴承或者导轨中,起到实际润滑支承作用的是介于主轴和轴承(或者滑块和导轨)间隙之间的润滑介质。在常见的机械设计中,摩擦副的间隙尺寸一般在 10 μm 左右的水平(重型和超重型设备可能达到 100 μm),润滑介质填充在间隙中形成一层压力油膜。运动中的润滑介质也遵循动量守恒定律,把黏性流体看成连续介质,在润滑油膜中取一个微小的六面体流体元,如图 2-1 所示。

　　按照牛顿第二定律,在 x、y、z 三个方向上可以导出三个方向的动量守恒方程,即纳维-斯托克斯方程:

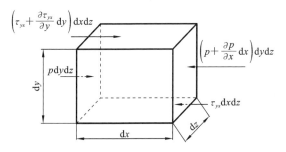

图 2-1　流体微元的力学模型

$$\begin{cases}\dfrac{\partial(\rho u)}{\partial t}+\mathrm{div}(\rho u\boldsymbol{u})=-\dfrac{\partial p}{\partial x}+\dfrac{\partial\tau_{xx}}{\partial x}+\dfrac{\partial\tau_{yx}}{\partial y}+\dfrac{\partial\tau_{zx}}{\partial z}+F_x\\[2mm]\dfrac{\partial(\rho v)}{\partial t}+\mathrm{div}(\rho u\boldsymbol{u})=-\dfrac{\partial p}{\partial y}+\dfrac{\partial\tau_{xy}}{\partial x}+\dfrac{\partial\tau_{yy}}{\partial y}+\dfrac{\partial\tau_{zy}}{\partial z}+F_y\\[2mm]\dfrac{\partial(\rho w)}{\partial t}+\mathrm{div}(\rho u\boldsymbol{u})=-\dfrac{\partial p}{\partial z}+\dfrac{\partial\tau_{xz}}{\partial x}+\dfrac{\partial\tau_{yz}}{\partial y}+\dfrac{\partial\tau_{zz}}{\partial z}+F_z\end{cases} \quad (2\text{-}1)$$

式中：p ——作用在流体微元上的压力；

　　τ ——因分子黏性作用而产生的作用在微元体表面的黏性应力，在不同方向上可分解为 τ_{xx}、τ_{xy}、τ_{xz} 等 9 个分量；

　　F_x、F_y、F_z——作用在微元体上的体积力。

在润滑油膜中，体力只有重力，z 方向为重力方向，因此 $F_x=0$，$F_y=0$，$F_z=-\rho g$。式（2-1）是对任何类型的流体都适用的动量守恒方程，对于牛顿流体，黏性应力与流体的速度梯度符合牛顿剪切定律：

$$\begin{cases}\tau_{xx}=2\mu\dfrac{\partial u}{\partial x}+\lambda\mathrm{div}(\boldsymbol{u})\\[2mm]\tau_{yy}=2\mu\dfrac{\partial v}{\partial y}+\lambda\mathrm{div}(\boldsymbol{u})\\[2mm]\tau_{zz}=2\mu\dfrac{\partial w}{\partial z}+\lambda\mathrm{div}(\boldsymbol{u})\\[2mm]\tau_{xy}=\tau_{yx}=\mu\left(\dfrac{\partial u}{\partial y}+\dfrac{\partial v}{\partial x}\right)\\[2mm]\tau_{xz}=\tau_{zx}=\mu\left(\dfrac{\partial u}{\partial z}+\dfrac{\partial w}{\partial x}\right)\\[2mm]\tau_{yz}=\tau_{zy}=\mu\left(\dfrac{\partial v}{\partial z}+\dfrac{\partial w}{\partial y}\right)\end{cases} \quad (2\text{-}2)$$

式中：μ——动力黏度；

　　λ——第二黏度（second viscosity），一般可取 $\lambda=\dfrac{-2}{3}$。

将式（2-2）代入式（2-1），并将散度项展开，即可得到纳维-斯托克斯方程的展开形式：

$$\begin{cases} \rho \dfrac{\mathrm{d}u}{\mathrm{d}t} = F_x - \dfrac{\partial p}{\partial x} + \dfrac{\partial}{\partial x}\left\{ \mu\left[2\dfrac{\partial u}{\partial x} - \dfrac{2}{3}\left(\dfrac{\partial u}{\partial x} + \dfrac{\partial v}{\partial y} + \dfrac{\partial w}{\partial z}\right)\right]\right\} \\ \qquad + \dfrac{\partial}{\partial y}\left[\mu\left(\dfrac{\partial v}{\partial x} + \dfrac{\partial u}{\partial y}\right)\right] + \dfrac{\partial}{\partial z}\left[\mu\left(\dfrac{\partial u}{\partial z} + \dfrac{\partial w}{\partial y}\right)\right] \\ \rho \dfrac{\mathrm{d}v}{\mathrm{d}t} = F_y - \dfrac{\partial p}{\partial y} + \dfrac{\partial}{\partial y}\left\{ \mu\left[2\dfrac{\partial v}{\partial y} - \dfrac{2}{3}\left(\dfrac{\partial u}{\partial x} + \dfrac{\partial v}{\partial y} + \dfrac{\partial w}{\partial z}\right)\right]\right\} \\ \qquad + \dfrac{\partial}{\partial z}\left[\mu\left(\dfrac{\partial w}{\partial y} + \dfrac{\partial v}{\partial z}\right)\right] + \dfrac{\partial}{\partial x}\left[\mu\left(\dfrac{\partial v}{\partial x} + \dfrac{\partial u}{\partial y}\right)\right] \\ \rho \dfrac{\mathrm{d}w}{\mathrm{d}t} = F_z - \dfrac{\partial p}{\partial z} + \dfrac{\partial}{\partial z}\left\{ \mu\left[2\dfrac{\partial w}{\partial z} - \dfrac{2}{3}\left(\dfrac{\partial u}{\partial x} + \dfrac{\partial v}{\partial y} + \dfrac{\partial w}{\partial z}\right)\right]\right\} \\ \qquad + \dfrac{\partial}{\partial x}\left[\mu\left(\dfrac{\partial u}{\partial z} + \dfrac{\partial w}{\partial x}\right)\right] + \dfrac{\partial}{\partial y}\left[\mu\left(\dfrac{\partial w}{\partial y} + \dfrac{\partial v}{\partial z}\right)\right] \end{cases} \tag{2-3}$$

雷诺在设定了一系列的假设条件之后,在纳维-斯托克斯方程的基础上结合质量连续方程推导出了反映油膜压力分布的雷诺方程。雷诺方程的主要假设如下:

(1) 流体薄膜的厚度与曲率半径相比很小,因此可以用平动代替其他运动;

(2) 流体的流动状态为层流,即在油膜厚度方向上压力梯度为 0,即 $\dfrac{\partial p}{\partial y} = 0$;

(3) 作用于流体薄膜质点的外力为零,即 $F_x = F_y = F_z = 0$;

(4) 与黏性剪切力相比,油膜的惯性力可以忽略不计,即 $\rho\dfrac{\mathrm{d}u}{\mathrm{d}t} = \rho\dfrac{\mathrm{d}v}{\mathrm{d}t} = \rho\dfrac{\mathrm{d}w}{\mathrm{d}t} = 0$;

(5) 流体在固体表面没有相对滑动,即无滑移边界条件;

(6) 与速度梯度 $\dfrac{\partial u}{\partial x}$ 和 $\dfrac{\partial w}{\partial y}$ 相比,其他的速度梯度都可以忽略不计,这是因为沿油膜厚度方向的速度很小,u、w 都比 v 大很多,而油膜厚度(y 方向)比其他两个方向的尺寸小很多;

(7) U_1、U_2 为两个滑动面沿 x 方向的运动速度,且为常数;

(8) 润滑油的密度 ρ 和黏度 η 为常数。

流体动力润滑支承结构示意图如图 2-2 所示。

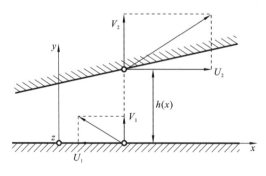

图 2-2　流体动力润滑支承结构示意图

根据以上假设,纳维-斯托克斯方程可简化为

$$\begin{cases} \dfrac{\partial p}{\partial x}=\mu\dfrac{\partial^2 u}{\partial y^2} \\ \dfrac{\partial p}{\partial z}=\mu\dfrac{\partial^2 w}{\partial y^2} \end{cases} \tag{2-4}$$

质量连续性方程可表示为

$$\frac{\partial u}{\partial x}+\frac{\partial v}{\partial y}+\frac{\partial w}{\partial z}=0 \tag{2-5}$$

将方程(2-4)中的两项分别对 y 积分两次可得

$$\begin{cases} u=\dfrac{1}{2\mu}\dfrac{\partial p}{\partial x}y^2+Ay+B \\ w=\dfrac{1}{2\mu}\dfrac{\partial p}{\partial z}y^2+Cy+D \end{cases} \tag{2-6}$$

根据无滑移边界条件可得

$$\begin{cases} y=0:u=U_1,w=0 \\ y=h:u=U_2,w=0 \end{cases} \tag{2-7}$$

将式(2-7)代入式(2-6)可确定系数 A、B、C、D 的值,进而可得到

$$\begin{cases} u=\dfrac{1}{2\mu}\dfrac{\partial p}{\partial x}(y^2-yh)+\left(1-\dfrac{y}{h}\right)U_1+\dfrac{y}{h}U_2 \\ w=\dfrac{1}{2\mu}\dfrac{\partial p}{\partial z}(y^2-yh) \end{cases} \tag{2-8}$$

将式(2-8)代入连续性方程(2-5),可得一个只含有 p 和 v 这两个未知量的方程,除非 v 为确定的参数,否则 p 仍无法最终确定。在此,可以利用积分处理来降低求解压力分布的难度。将连续性方程在油膜厚度方向上进行积分,可以得到

$$v\mid_0^{h(x,t)}=-\int_0^{h(x,t)}\frac{\partial u}{\partial x}\mathrm{d}y-\int_0^{h(x,t)}\frac{\partial w}{\partial z}\mathrm{d}y \tag{2-9}$$

将式(2-8)代入式(2-9)即可消去 u 和 w:

$$v\mid_0^{h(x,t)}=-\frac{\partial}{\partial x}\left[\frac{1}{2\mu}\frac{\partial p}{\partial x}\int_0^{h(x,t)}(y^2-yh)\mathrm{d}y\right]-\frac{\partial}{\partial z}\left[\frac{1}{2\mu}\frac{\partial p}{\partial z}\int_0^{h(x,t)}(y^2-yh)\mathrm{d}y\right]$$
$$-\frac{\partial}{\partial x}\int_0^{h(x,t)}\left[\left(1-\frac{y}{h}\right)U_1+\frac{y}{h}U_2\right]\mathrm{d}y+U_2\frac{\partial h}{\partial x} \tag{2-10}$$

式(2-10)左边的速度积分项可以看作两滑动平面在 y 方向的相对速度,即

$$v\mid_0^{h(x,t)}=-(V_1-V_2)=\frac{\mathrm{d}h}{\mathrm{d}t} \tag{2-11}$$

式(2-10)经过化简后即可得到雷诺方程的一般形式:

$$\frac{\partial}{\partial x}\left(\frac{h^3}{\mu}\frac{\partial p}{\partial x}\right)+\frac{\partial}{\partial z}\left(\frac{h^3}{\mu}\frac{\partial p}{\partial z}\right)=6(U_1-U_2)\frac{\partial h}{\partial x}+6h\frac{\partial(U_1+U_2)}{\partial x}+12(V_2-V_1) \tag{2-12}$$

当轴承处于稳定运行状态时,V_1、V_2、U_1、U_2 均为常数,方程(2-12)可简化为

$$\frac{\partial}{\partial x}\left(\frac{h^3}{\mu}\frac{\partial p}{\partial x}\right)+\frac{\partial}{\partial z}\left(\frac{h^3}{\mu}\frac{\partial p}{\partial z}\right)=6(U_1-U_2)\frac{\partial h}{\partial x} \tag{2-13}$$

2.1.2 广义雷诺方程

油膜温升将导致润滑油黏度发生变化,因此,在雷诺方程中,黏度不能再视作常数,而是关于坐标的函数。在图 2-3 所示的坐标系下,纳维-斯托克斯方程可以简化为

$$\begin{cases} \dfrac{\partial p}{\partial x}=\dfrac{\partial \tau_{zx}}{\partial z} \\[2mm] \dfrac{\partial p}{\partial z}=0 \\[2mm] \dfrac{\partial p}{\partial y}=\dfrac{\partial \tau_{zy}}{\partial z} \end{cases} \tag{2-14}$$

式中:$\tau_{zx}=\mu(z)\dfrac{\partial u}{\partial z}$;$\tau_{zy}=\mu(z)\dfrac{\partial v}{\partial z}$。

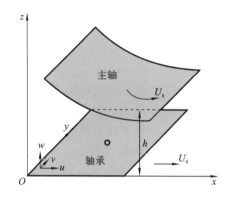

图 2-3　油膜面坐标示意图

根据无滑移边界条件和挤压膜效应,可得三个方向的速度边界为

$$\begin{cases} u\big|_{z=0}=U_0,v\big|_{z=0}=w\big|_{z=0}=0 \\[2mm] u\big|_{z=h}=U_h,v\big|_{y=h}=\dfrac{\partial h}{\partial t}+U_h\dfrac{\partial h}{\partial x},w\big|_{y=0}=0 \end{cases} \tag{2-15}$$

将方程(2-14)中的第一项和第三项分别对 z 积分两次,可得

$$\begin{cases} u=\dfrac{\partial p}{\partial x}E_1+(U_h-U_0)E_2+U_0 \\[2mm] v=\dfrac{\partial p}{\partial y}E_1 \end{cases} \tag{2-16}$$

其中,$E_1=\left\{\displaystyle\int_0^z\frac{z}{\mu(z)}\mathrm{d}z-\frac{\displaystyle\int_0^h\frac{z}{\mu(z)}\mathrm{d}z\displaystyle\int_0^z\frac{1}{\mu(z)}\mathrm{d}z}{\displaystyle\int_0^h\frac{1}{\mu(z)}\mathrm{d}z}\right\}$;$E_2=\dfrac{\displaystyle\int_0^z\frac{1}{\mu(z)}\mathrm{d}z}{\displaystyle\int_0^h\frac{1}{\mu(z)}\mathrm{d}z}$。

将方程(2-16)代入连续性方程(2-5)中,并沿膜厚方向积分,可得广义雷诺方程:

$$\frac{\partial}{\partial x}\left[\int_0^h\left(E_1\frac{\partial p}{\partial x}\right)\mathrm{d}y\right]+\frac{\partial}{\partial z}\left[\int_0^h\left(E_1\frac{\partial p}{\partial z}\right)\mathrm{d}y\right]=-\left(U_h-U_0\right)\frac{\partial}{\partial x}\left(\int_0^h E_2\mathrm{d}y\right)-\frac{\partial h}{\partial t} \quad (2\text{-}17)$$

将 E_1 和 E_2 代入方程(2-17)并进行无量纲化处理可得无量纲雷诺方程:

$$\frac{\partial}{\partial\alpha}\left(\bar{h}^3\bar{F}_2\frac{\partial\bar{p}}{\partial\alpha}\right)+\frac{\partial}{\partial z}\left(\bar{h}^3\bar{F}_2\frac{\partial\bar{p}}{\partial z}\right)=\Omega\left\{\frac{\partial}{\partial\alpha}\left[\left(1-\frac{\bar{F}_1}{\bar{F}_0}\right)\bar{h}\right]\right\}+\frac{\partial\bar{h}}{\partial t} \quad (2\text{-}18)$$

式中:$\bar{F}_0=\int_0^1\frac{1}{\bar{\mu}}\mathrm{d}\bar{y}$,$\bar{F}_1=\int_0^1\frac{\bar{y}}{\bar{\mu}}\mathrm{d}\bar{y}$,$\bar{F}_2=\int_0^1\frac{\bar{y}}{\bar{\mu}}\left(\bar{y}-\frac{\bar{F}_1}{\bar{F}_0}\right)\mathrm{d}\bar{y}$;$\alpha$、$\Omega$ 的含义详见后文。当不考虑黏度变化时,$\bar{\mu}=1$,相应地,$\bar{F}_0=1$,$\bar{F}_1=\frac{1}{2}$,$\bar{F}_2=\frac{1}{12}$,式(2-18)变为理想状态下的雷诺方程。

2.2　雷诺方程求解的边界条件

求解雷诺方程从数学角度看是求解二元二阶偏微分方程,而边界条件对于求解的正确性具有决定性的作用。在油膜理论形成的早期,学者们普遍认为径向轴承在整个圆周方向上均有完整的润滑油膜。直到有研究指出,实际测量的主轴的摩擦转矩比在完整油膜假设条件下计算出来的要小,学者们才开始研究压力油膜的范围。但是关于油膜的形成及其存在的范围一直都存在较大争议。Cameron 和 Wood 以及 Sassenfeld 和 Walther 先后运用 Southwell 松弛法求得了比较满意的结果。从早期发展至今,得到学者们普遍认可和应用的油膜空穴边界条件主要有四种,下面分别对每种边界条件进行简单介绍。

1) Sommerfeld 边界条件

如图 2-4 所示,Sommerfeld 边界条件模型即早期的全润滑模型,认为在整个圆周方向上的油膜间隙内都存在完整的油膜,并且油膜压力在油膜间隙的最大处为 0。基于这种边界条件计算出来的油膜压力分布具有正负对称性。其数学表达式为

$$p(\theta=0)=p(\theta=2\pi)=0 \quad (2\text{-}19)$$

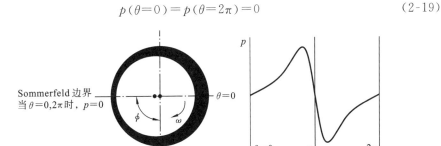

图 2-4　Sommerfeld 边界条件模型

2) Gümbel 边界条件

如图 2-5 所示,Gümbel 边界条件认为只在油膜间隙收敛区存在润滑油膜,而在间隙发散区则没有油膜,相对于 Sommerfeld 边界条件,Gümbel 边界条件忽略了负压油膜区,这造成了 $\theta=\pi$ 处油膜流量不连续。其数学表达式为

$$p(\theta=0)=p(\pi\leqslant\theta\leqslant2\pi)=0 \tag{2-20}$$

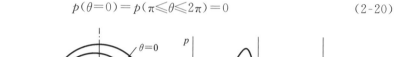
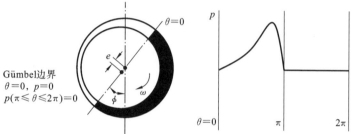

图 2-5 Gümbel 边界条件油膜形貌

3) Reynolds 边界条件

如图 2-6 所示,相对于 Gümbel 边界条件直接将油膜发散区处理为空穴,Reynolds 边界条件则认为油膜破裂处的压力梯度为 0。但是对于油膜重新生成的区域,Reynolds 边界条件仍然简单地处理为 $\theta=0$。其数学表达式为

$$\begin{cases} p(\theta=0)=p(\pi+\alpha\leqslant\theta\leqslant2\pi)=0 \\ \left.\dfrac{\partial p}{\partial\theta}\right|_{\theta=\pi+\alpha}=0 \end{cases} \tag{2-21}$$

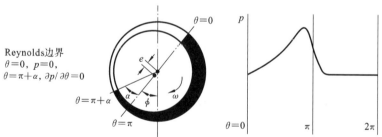

图 2-6 Reynolds 边界条件油膜形貌

4) JFO 边界条件

JFO 边界条件是由 Folberg、Jakobsson 及 Olsson 提出的,不同于前述的几种边界条件,JFO 边界条件不仅考虑了油膜破裂处的压力变化梯度,同时也通过质量守恒定律推导出了油膜重新生成处的边界条件。其数学表达式为

$$\begin{cases} \text{油膜破裂边界}:p=0,\partial p/\partial n=0 \\ \text{油膜再生边界}:p=0,\dfrac{h^2}{12\mu}\dfrac{\partial p}{\partial n}=\dfrac{V_n}{2}(1-\theta_n) \end{cases} \tag{2-22}$$

式中：n——垂直于空穴和油膜交界面的距离；

$\quad\quad\theta_n$——从油膜流动方向进入空穴区域的流束质量系数；

$\quad\quad V_n$——垂直于空穴和油膜交界面的速度。式（2-22）中的油膜再生边界应满足
的条件即为质量守恒定律。

从 Sommerfeld 边界条件到 JFO 边界条件，学者们对油膜破裂和形成的机理的
认识不断加深。Sommerfeld 边界条件考虑了油膜的连续性，但是没有考虑到油膜的
破裂。Gümbel 边界条件机械地将油膜处理为不连续的区域，不能准确地预测油膜
破裂区域的边界。Reynolds 边界条件保证了油膜破裂边界条件的光滑性，但是仍然
没有考虑到质量守恒定律，不能准确预测油膜再生边界。JFO 边界条件同时考虑了
油膜破裂和油膜的再生，对空穴的边界具有较完整的解释。但是 JFO 边界条件应用
于数值编程的复杂度高，不易得到收敛结果，早期的应用并不广泛。Reynolds 边界
条件虽不完美，但由于其误差较小，且易于编程，在求解 Reynolds 方程的问题上得到
了较为广泛的应用。在本章后续的研究工作中关于 Reynolds 方程的数值求解也将
采用 Reynolds 边界条件。

2.3　孔入式液体静压径向轴承压力控制方程

2.3.1　孔入式液体静压径向轴承结构及工况参数

1）孔入式液体静压径向轴承结构

本章研究的孔入式液体静压径向轴承由轴颈、油膜、轴瓦构成，其具体结构示意
图如图 2-7 所示。

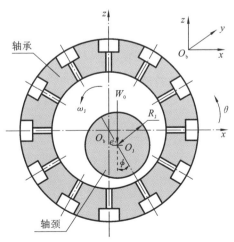

图 2-7　双排对称孔入式液体静压径向轴承结构示意图

常用的参数如下：

O_b—— 轴承中心；

O_J—— 主轴中心；

x_J—— 主轴中心在以轴承中心为坐标原点的坐标系内的横坐标，mm；

y_J—— 主轴中心在以轴承中心为坐标原点的坐标系内的纵坐标，mm；

R_J—— 主轴半径，mm；

W_0—— 主轴所受载荷，N；

ω_J—— 主轴转动角速度，rad/s；

e—— 主轴轴心位置的偏心距，mm；

ϕ—— 偏位角，主轴轴心与轴承中心的连线与外载荷的夹角，(°)；

θ—— 圆周角，从 x 轴正方向起，沿逆时针方向增大，取值范围为 $0\sim2\pi$。

2) 孔入式液体静压径向轴承的结构及工况参数

本小节所研究的孔入式液体静压径向轴承的工况参数如表 2-1 所示。

表 2-1　孔入式液体静压径向轴承的工况参数

参数类型	参数值
轴承直径 D	100 mm
轴承长度 L	100 mm
供油孔与轴承端部距离 a	10,15,20,25,30,35 mm
无量纲节流系数 C_{s2}	0.02~0.12
无量纲速度系数 Ω	0.4~1.4
供油孔数量	6,8,10,12
供油孔排布方式	对称式,非对称式
无量纲载荷 W_0	0.2~2
节流器类型	小孔节流器
润滑介质	3#主轴油

双排对称孔入式液体静压径向轴承供油孔的对称和非对称排布方式及结构尺寸示意图如图 2-8 所示。

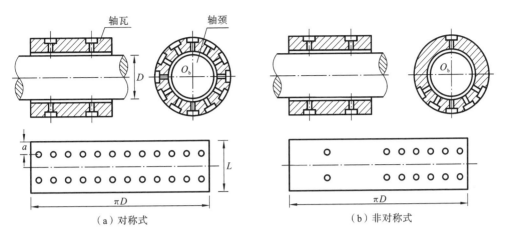

（a）对称式　　　　　　　　　　　　　（b）非对称式

图 2-8　供油孔的对称和非对称排布方式及结构尺寸示意图

2.3.2　油膜压力控制方程

在图 2-7 中，取水平向左为坐标系的 x 轴正方向，竖直向上为 z 轴正方向。油膜厚度沿圆周方向的表达式为

$$h = h_0 - e \cdot \cos(\theta - \phi) \tag{2-23}$$

由几何关系可知，$\sin\phi = \dfrac{z_J}{e}$，$\cos\phi = \dfrac{x_J}{e}$，代入式（2-23）并将三角函数展开可得

$$h = h_0 - x_J \cdot \cos\theta - z_J \cdot \sin\theta \tag{2-24}$$

由前所述，完整雷诺方程的表达式为

$$\frac{\partial}{\partial x}\left(\frac{h^3}{12\mu}\frac{\partial p}{\partial x}\right) + \frac{\partial}{\partial y}\left(\frac{h^3}{12\mu}\frac{\partial p}{\partial y}\right) = \frac{U}{2}\frac{\partial h}{\partial x} + \frac{\partial h}{\partial t} \tag{2-25}$$

油膜在厚度方向上的尺寸相对于其他两个方向来说量级过小，为了方便计算，同时使解具有通用性，可以对方程的各项进行无量纲化处理。对雷诺方程中的各参数做如下代换：

$$\begin{cases} x = \alpha \cdot R_J \\ y = \beta \cdot R_J \\ p = \bar{p} \cdot p_s \\ h = \bar{h} \cdot h_0 \\ U = \omega_J \cdot R_J \end{cases} \tag{2-26}$$

式中：α、β——径向、周向坐标。

可得无量纲雷诺方程：

$$\frac{\partial}{\partial \alpha}\left(\frac{\bar{h}^3}{12}\frac{\partial \bar{p}}{\partial \alpha}\right) + \frac{\partial}{\partial \beta}\left(\frac{\bar{h}^3}{12}\frac{\partial \bar{p}}{\partial \beta}\right) = \frac{\Omega}{2}\frac{\partial \bar{h}}{\partial \alpha} + \frac{\partial \bar{h}}{\partial t} \tag{2-27}$$

式中:Ω——无量纲速度系数,$\Omega=\omega_{\mathrm{J}}(\mu R_{\mathrm{J}}^2/(h_0^2 p_{\mathrm{s}}))$;

$\bar{t}$——无量纲时间,$\bar{t}=t(h_0^2 p_{\mathrm{s}}/(\mu R_{\mathrm{J}}^2))$。

由式(2-24)可得

$$\frac{\partial \bar{h}}{\partial \bar{t}}=-\dot{x}_{\mathrm{J}}\cos\theta-\dot{z}_{\mathrm{J}}\sin\theta \tag{2-28}$$

2.4　孔入式液体静压径向轴承有限元计算方法

2.4.1　系统整体有限元方程

采用有限元方法求解雷诺方程时,首先要确定网格类型和相应的插值函数。在本小节的求解中,油膜被简化为二维平面,因此可以采用相同的矩形网格对油膜进行离散化。网格的局部坐标如图 2-9 所示。

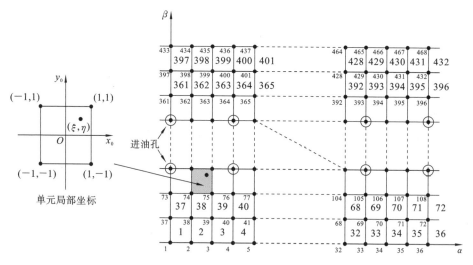

图 2-9　油膜网格的划分及单元局部坐标示意图

ξ 和 η 为单元的局部坐标,取值范围均为 $[-1,1]$。单元内节点按照从左到右、从下到上的顺序编号,系统的整体节点编号也按照从左到右、从下到上的顺序编号。从图中可知,单元节点 1,2,3,4 的局部坐标分别为 $(-1,-1)$、$(1,-1)$、$(1,1)$、$(-1,1)$。单元内部任意一点的函数值可以使用插值函数和对应的节点坐标来拟合。插值函数的选取原则是:

（1）插值函数的个数与单元节点的个数一致;

（2）单元内,插值函数只在对应的节点局部坐标处取 1,其余节点处取 0。

对于本例中采用的四边形单元,插值函数的形式可选取为

$$\begin{cases} N_1 = \dfrac{1}{4}(1-\xi)(1-\eta) \\[2mm] N_2 = \dfrac{1}{4}(1+\xi)(1-\eta) \\[2mm] N_3 = \dfrac{1}{4}(1+\xi)(1+\eta) \\[2mm] N_4 = \dfrac{1}{4}(1-\xi)(1+\eta) \end{cases} \tag{2-29}$$

单元内部任意一点(ξ,η)的压力值可用插值函数和对应的节点的压力值近似表示为

$$p(\xi,\eta) = \sum_{j=1}^{4} N_j p_j \tag{2-30}$$

单元内部任意一点(ξ,η)的全局坐标也满足类似式(2-30)的插值关系：

$$\begin{cases} \alpha(\xi,\eta) = \sum_{i=1}^{4} N_i \cdot \alpha_i \\[2mm] \beta(\xi,\eta) = \sum_{i=1}^{4} N_i \cdot \beta_i \end{cases} \tag{2-31}$$

将式(2-30)代入式(2-27)中并将等号右边项移到左边可得

$$\frac{\partial}{\partial\alpha}\Big[\frac{\bar{h}^3}{12}\frac{\partial}{\partial\alpha}\big(\sum_{j=1}^{4}N_j\bar{p}_j\big)\Big] + \frac{\partial}{\partial\beta}\Big[\frac{\bar{h}^3}{12}\frac{\partial}{\partial\beta}\big(\sum_{j=1}^{4}N_j\bar{p}_j\big)\Big] - \frac{\Omega}{2}\frac{\partial\bar{h}}{\partial\alpha} - \frac{\partial\bar{h}}{\partial t} = R^e \tag{2-32}$$

式中：R^e——代入近似压力之后产生的残差。

式(2-30)拟合的压力与真实压力越接近，则残差R^e越小。因此，求解油膜的压力分布可以转化为求解最小的残差R^e。利用伽辽金(Galerkin)正交法可以建立残差的单元有限元方程，即残差和权函数的乘积在单元上的积分等于零。Galerkin 正交法规定权函数与插值函数相等，则单元有限元方程可表示为

$$\iint_{\Omega^e} N_i R^e \,\mathrm{d}\alpha\mathrm{d}\beta = 0 \tag{2-33}$$

式中：Ω^e——单元面积。

将式(2-28)和式(2-32)代入式(2-33)中，采用分部积分并展开可得

$$\bar{\boldsymbol{F}}^e\,\bar{\boldsymbol{p}}^e = \bar{\boldsymbol{Q}}^e + \Omega\,\bar{\boldsymbol{R}}^e_{\mathrm{H}} + \bar{x}\bar{\boldsymbol{R}}^e_x + \bar{z}\bar{\boldsymbol{R}}^e_z \tag{2-34}$$

对于单元e而言，方程(2-34)中的矩阵和列向量可分别表示为

$$\begin{cases} \bar{F}^e_{ij} = \int_{\Omega^e} \bar{h}^3\Big[\frac{1}{12}\frac{\partial N_i}{\partial\alpha}\frac{\partial N_j}{\partial\alpha} + \frac{1}{12}\frac{\partial N_i}{\partial\beta}\frac{\partial N_j}{\partial\beta}\Big]\mathrm{d}\Omega^e \\[2mm] \bar{Q}^e_i = \int_{\Gamma^e}\Big[\big(\frac{\bar{h}^3}{12}\frac{\partial\bar{p}}{\partial\alpha} - \frac{\Omega}{2}\bar{h}\big)l_1 + \big(\frac{\bar{h}^3}{12}\frac{\partial\bar{p}}{\partial\beta}\big)l_2\Big]N_i\mathrm{d}\Gamma^e \\[2mm] \bar{R}_{\mathrm{H}i} = \int_{\Omega^e}\frac{\bar{h}}{2}\frac{\partial N_i}{\partial\alpha}\mathrm{d}\Omega^e \\[2mm] \bar{R}^e_{xi} = \int_{\Omega^e} N_i\cos\alpha\mathrm{d}\Omega^e \\[2mm] \bar{R}^e_{zi} = \int_{\Omega^e} N_i\sin\alpha\mathrm{d}\Omega^e \end{cases} \tag{2-35}$$

式中：$i,j=1,2,3,4$；

$\overline{\pmb{F}}^e$——单元系数矩阵；

Ω^e——单元 e 的面积，对应的积分为面积分；

Γ^e——单元 e 的边界，对应的积分为线积分；

l_1 和 l_2——方向余弦。

注意到式(2-35)中的 α、β 仍为全局坐标，需要转换为局部坐标才能求得各积分项在单元面积上的积分。根据导数关系可得

$$\frac{\mathrm{d}\pmb{N}}{\mathrm{d}a}=\frac{\mathrm{d}\pmb{N}}{\mathrm{d}\xi}\frac{\mathrm{d}\xi}{\mathrm{d}a}=\pmb{J}^{-1}\frac{\mathrm{d}\pmb{N}}{\mathrm{d}\xi} \tag{2-36}$$

式中：$\pmb{J}$——全局坐标 (α,β) 对局部坐标 (ξ,η) 的雅可比矩阵，$\pmb{J}^{-1}$ 为其逆矩阵，$\pmb{J}$ 的具体形式为

$$\pmb{J}=\begin{bmatrix} \dfrac{\partial\alpha}{\partial\xi} & \dfrac{\partial\beta}{\partial\xi} \\[2mm] \dfrac{\partial\alpha}{\partial\eta} & \dfrac{\partial\beta}{\partial\eta} \end{bmatrix} \tag{2-37}$$

将式(2-29)和式(2-31)代入式(2-37)可得

$$\pmb{J}=\begin{bmatrix} 0.5\cdot\Delta\alpha & 0 \\ 0 & 0.5\cdot\Delta\beta \end{bmatrix} \tag{2-38}$$

式中：$\Delta\alpha$、$\Delta\beta$——无量纲的单元长度和宽度。

函数 G 从全局坐标 (α,β) 到局部坐标 (ξ,η) 的积分变换关系为

$$\int_{\Omega^e}G(\alpha,\beta)\mathrm{d}\alpha\mathrm{d}\beta=\int_{-1}^{1}\int_{-1}^{1}G(\xi,\eta)\,|\pmb{J}|\,\mathrm{d}\xi\mathrm{d}\eta \tag{2-39}$$

式中：$|\pmb{J}|$——雅可比矩阵 $\pmb{J}$ 的秩。

根据式(2-36)至式(2-39)可得式(2-35)的局部坐标积分形式为

$$\begin{cases} \overline{F}^e_{ij}=\displaystyle\int_{-1}^{1}\int_{-1}^{1}\overline{h}^3\left[\frac{1}{12}\pmb{J}^{-1}\frac{\partial N_i}{\partial\xi}\pmb{J}^{-1}\frac{\partial N_j}{\partial\xi}+\frac{1}{12}\pmb{J}^{-1}\frac{\partial N_i}{\partial\eta}\pmb{J}^{-1}\frac{\partial N_j}{\partial\eta}\right]\cdot\,|\pmb{J}|\,\mathrm{d}\xi\mathrm{d}\eta \\[4mm] \overline{Q}^e_i=\displaystyle\int_{\Gamma^e}\left[\left(\frac{\overline{h}^3}{12}\frac{\partial\overline{p}}{\partial\alpha}-\frac{\Omega}{2}\overline{h}\right)l_1+\left(\frac{\overline{h}^3}{12}\frac{\partial\overline{p}}{\partial\beta}\right)l_2\right]N_i\mathrm{d}\Gamma^e \\[4mm] \overline{R}_{\mathrm{H}i}=\displaystyle\int_{-1}^{1}\int_{-1}^{1}\frac{\overline{h}}{2}\pmb{J}^{-1}\frac{\partial N_i}{\partial\xi}\cdot\,|\pmb{J}|\,\mathrm{d}\xi\mathrm{d}\eta \\[4mm] \overline{R}^e_{xi}=\displaystyle\int_{-1}^{1}\int_{-1}^{1}N_i\cos\alpha\cdot\,|\pmb{J}|\,\mathrm{d}\xi\mathrm{d}\eta \\[4mm] \overline{R}^e_{zi}=\displaystyle\int_{-1}^{1}\int_{-1}^{1}N_i\sin\alpha\cdot\,|\pmb{J}|\,\mathrm{d}\xi\mathrm{d}\eta \end{cases} \tag{2-40}$$

求解式(2-40)中的积分项时，由于这些积分项不一定存在解析的积分形式，可以考虑用六点高斯-勒让德(Gauss-Legendre)积分公式进行求解，积分的权重和插值点如表 2-2 所示。

表 2-2　六点高斯-勒让德积分的权重及插值点

w_i	$\xi_i \cdot \eta_i$
0.171324492379170	0.932469514203152
0.360761573048139	0.661209386466265
0.467913934572691	0.238619186083197
0.171324492379170	-0.932469514203152
0.360761573048139	-0.661209386466265
0.467913934572691	-0.238619186083197

函数 G 在单元上的积分可转化为权重及插值点处的函数的乘积之和,数学表达式为

$$\int_{-1}^{1}\int_{-1}^{1} G(\xi,\eta)\,\mathrm{d}\xi\mathrm{d}\eta = \sum_{i=1}^{6}\sum_{j=1}^{6} w_i \cdot w_j \cdot G(\xi_i,\eta_j) \tag{2-41}$$

根据式(2-41)即可求出式(2-40)中每一项的值。

单元有限元方程的展开形式可表示为

$$\begin{bmatrix} \bar{F}_{11} & \bar{F}_{12} & \bar{F}_{13} & \bar{F}_{14} \\ \bar{F}_{21} & \bar{F}_{22} & \bar{F}_{23} & \bar{F}_{24} \\ \bar{F}_{31} & \bar{F}_{32} & \bar{F}_{33} & \bar{F}_{34} \\ \bar{F}_{41} & \bar{F}_{42} & \bar{F}_{43} & \bar{F}_{44} \end{bmatrix}^e \begin{bmatrix} \bar{p}_1 \\ \bar{p}_2 \\ \bar{p}_3 \\ \bar{p}_4 \end{bmatrix}^e = \begin{bmatrix} \bar{Q}_1 \\ \bar{Q}_2 \\ \bar{Q}_3 \\ \bar{Q}_4 \end{bmatrix}^e + \Omega \begin{bmatrix} \bar{R}_{H1} \\ \bar{R}_{H2} \\ \bar{R}_{H3} \\ \bar{R}_{H4} \end{bmatrix}^e + \bar{x}_J \begin{bmatrix} \bar{R}_{x1} \\ \bar{R}_{x2} \\ \bar{R}_{x3} \\ \bar{R}_{x4} \end{bmatrix}^e + \bar{z}_J \begin{bmatrix} \bar{R}_{z1} \\ \bar{R}_{z2} \\ \bar{R}_{z3} \\ \bar{R}_{z4} \end{bmatrix}^e \tag{2-42}$$

得到了每个单元的有限元方程后可以组合得到系统的整体有限元方程,去掉式(2-42)中每一项的上标 e,即可得到系统的整体有限元方程:

$$\bar{F}\bar{p} = \bar{Q} + \Omega\bar{R}_H + \bar{x}\bar{R}_x + \bar{z}\bar{R}_z \tag{2-43}$$

假设离散后的网格面总共具有 n 个节点,则 $\bar{F}$ 为 $n \times n$ 的方阵,可称为整体系数矩阵。式(2-43)的展开形式为

$$\begin{bmatrix} \bar{F}_{11} & \bar{F}_{12} & \cdots & \bar{F}_{1j} & \cdots & \bar{F}_{1n} \\ \vdots & \vdots & & \vdots & & \vdots \\ \bar{F}_{i1} & \bar{F}_{i2} & \cdots & \bar{F}_{ij} & \cdots & \bar{F}_{in} \\ \vdots & \vdots & & \vdots & & \vdots \\ \bar{F}_{j1} & \bar{F}_{j2} & \cdots & \bar{F}_{jj} & \cdots & \bar{F}_{jn} \\ \vdots & \vdots & & \vdots & & \vdots \\ \bar{F}_{n1} & \bar{F}_{n2} & \cdots & \bar{F}_{nj} & \cdots & \bar{F}_{nn} \end{bmatrix} \begin{bmatrix} \bar{p}_1 \\ \vdots \\ \bar{p}_i \\ \vdots \\ \bar{p}_j \\ \vdots \\ \bar{p}_n \end{bmatrix} = \begin{bmatrix} \bar{Q}_1 \\ \vdots \\ \bar{Q}_i \\ \vdots \\ \bar{Q}_j \\ \vdots \\ \bar{Q}_n \end{bmatrix} + \Omega \begin{bmatrix} \bar{R}_{H1} \\ \vdots \\ \bar{R}_{Hi} \\ \vdots \\ \bar{R}_{Hj} \\ \vdots \\ \bar{R}_{Hn} \end{bmatrix} + \bar{x} \begin{bmatrix} \bar{R}_{x1} \\ \vdots \\ \bar{R}_{xi} \\ \vdots \\ \bar{R}_{xj} \\ \vdots \\ \bar{R}_{xn} \end{bmatrix} + \bar{z} \begin{bmatrix} \bar{R}_{z1} \\ \vdots \\ \bar{R}_{zi} \\ \vdots \\ \bar{R}_{zj} \\ \vdots \\ \bar{R}_{zn} \end{bmatrix} \tag{2-44}$$

在编制程序合并单元系数矩阵时,需要对每个单元系数矩阵进行对位求和,因此可以用矩阵将离散的数据存储起来。在本例中,假设网格在 x 方向均分为 36 份,在

y 方向均分为 12 份,单元总数为 432,节点总数为 468,如图 2-9 所示。离散数据一般包含以下几种类型。

(1) 单元信息数据 JM 用于存储每个单元所包含的节点序号,其行数等于单元总数 E,列数等于每个单元的节点个数。对于本例而言,JM 的形式如表 2-3 所示。

表 2-3 JM 数据

1	2	38	37
2	3	39	38
3	4	40	39
⋮	⋮	⋮	⋮
432	397	433	468

(2) 节点坐标数据 JX 用于存储节点的坐标,行数与节点的总数相等,列数与所研究问题的维数相等。本例为二维平面问题,所以列数取 2,坐标值均用无量纲形式表示。JX 的形式如表 2-4 所示。

表 2-4 JX 数据

0	0
$2\pi/36$	0
$2\pi/18$	0
⋮	⋮
2π	0
0	1/6
$2\pi/36$	1/6
$2\pi/18$	1/6
⋮	⋮
2π	1/6
⋮	⋮
2π	2

(3) 边界条件数据 JB 边界条件分为第一类和第二类边界条件,第一类边界条件是指节点对应的函数值已知,第二类边界条件是指节点对应的函数的导数值已知。对于本例而言,轴承两端面处油膜的压力为 0,为第一类边界条件。在使用雷诺边界条件处理油膜负压区时,在求解过程中直接将压力为负的节点值赋 0,因此不存在第二类边界条件。对于第一类边界条件,JB 的行数与边界节点的总数相等,第一列为节点编号,第二列为节点对应的边界值。本例中 JB 的形式如表 2-5

所示。

表 2-5　JB 数据

1	0
2	0
⋮	⋮
36	0
433	0
434	0
⋮	⋮
468	0

在进行整体系数矩阵 $\bar{F}$ 的组合时,可以运用循环操作对单元系数矩阵 $\bar{F}^e$ 中的对应项进行叠加。单元系数矩阵是 4×4 的方阵,需要进行两层循环,组合列向量矩阵 $\bar{Q}$、$\bar{R}_H$、$\bar{R}_x$、$\bar{R}_z$ 只需要一层循环即可。用程序语言可表示为

```
for i=1:1:E
    for m=1:1:4                  % 第一层循环
        for n=1:1:4              % 第二层循环
            F(JM(i, m), JM(i, n))=F(JM(i, m), JM(i, n))+ F̄ᵢᵉ(m, n);
        end
    end
    for m=1:1:4                  % 第一层循环
        Q(JM(i, m), 1)=Q̄(JM(i, m), 1)+ Q̄(m,1);
        R_H(JM(i, m), 1)=R̄_H(JM(i, m), 1)+ R̄_H(m,1);
        R_x(JM(i, m), 1)=R̄_x(JM(i, m), 1)+ R̄_x(m,1);
        R_z(JM(i, m), 1)=R̄_z(JM(i, m), 1)+ R̄_z(m,1);
    end
end
```

式(2-44)等号右边第一项是在外部压力作用下从小孔进入轴承间隙内的流量。第二项是在主轴转动作用下从小孔带出的流量,可称为携带流。第三项和第四项是主轴运动造成的扰动项。在稳态模型中,由于主轴的位置不发生变化,轴心沿 x 和 z 方向的速度为 0,因此最后两项可以略去。

对流量的处理是求解动静压轴承问题的关键,也是与求解动压轴承问题最大的区别。在使用小孔节流器的条件下,在压力差作用下从供油孔进入轴承间隙的流量为

$$\bar{Q}_R = C_{s2}(1 - \bar{p}_i)^{1/2} \tag{2-45}$$

式中：i——节点序号；

C_{s2}——小孔节流器的无量纲节流系数，$C_{s2}=\left(\dfrac{\pi d_0^2\mu\psi_d}{4h_0^3}\right)\left(\dfrac{2}{\rho p_s}\right)^{1/2}$，其中，$d_0$ 为轴

承内表面供油孔的直径，μ 为润滑油黏度，ψ_d 为节流常数，本例中取 0.7，ρ 为润滑油密度，p_s 为供油压力。

由于润滑油只在供油孔处进入轴承间隙，因此在其他节点处流量为 0。假设第 j 个节点位于供油孔上，则有

$$\bar{Q}_j = C_{s2}(1-\bar{p}_j)^{1/2} \tag{2-46}$$

稳态雷诺方程的展开形式可表示为

$$
\begin{bmatrix}
\bar{F}_{11} & \bar{F}_{12} & \cdots & \bar{F}_{1j} & \cdots & \bar{F}_{1n} \\
\vdots & \vdots & & \vdots & & \vdots \\
\bar{F}_{i1} & \bar{F}_{i2} & \cdots & \bar{F}_{ij} & \cdots & \bar{F}_{in} \\
\vdots & \vdots & & \vdots & & \vdots \\
\bar{F}_{j1} & \bar{F}_{j2} & \cdots & \bar{F}_{jj} & \cdots & \bar{F}_{jn} \\
\vdots & \vdots & & \vdots & & \vdots \\
\bar{F}_{n1} & \bar{F}_{n2} & \cdots & \bar{F}_{nj} & \cdots & \bar{F}_{nn}
\end{bmatrix}
\begin{bmatrix}
\bar{p}_1 \\ \vdots \\ \bar{p}_i \\ \vdots \\ \bar{p}_j \\ \vdots \\ \bar{p}_n
\end{bmatrix}
=
\begin{bmatrix}
\bar{Q}_1 \\ \vdots \\ \bar{Q}_i \\ \vdots \\ C_{s2}(1-\bar{p}_j)^{1/2} \\ \vdots \\ \bar{Q}_n
\end{bmatrix}
+\Omega
\begin{bmatrix}
\bar{R}_{H1} \\ \vdots \\ \bar{R}_{Hi} \\ \vdots \\ \bar{R}_{Hj} \\ \vdots \\ \bar{R}_{Hn}
\end{bmatrix}
$$

$$\tag{2-47}$$

可以注意到，式(2-47)中的方程组是非线性的，必须进行线性化处理才能通过矩阵除法求出节点的压力值。式(2-47)写成方程组的形式为

$$
\begin{cases}
\bar{F}_1 = \bar{F}_{11}\bar{p}_1 + \cdots + \bar{F}_{1i}\bar{p}_i + \cdots + \bar{F}_{1j}\bar{p}_j + \cdots + \bar{F}_{1n}\bar{p}_n - \bar{Q}_1 - \Omega\bar{R}_{H1}=0 \\
\quad\vdots \\
\bar{F}_i = \bar{F}_{i1}\bar{p}_1 + \cdots + \bar{F}_{ii}\bar{p}_i + \cdots + \bar{F}_{ij}\bar{p}_j + \cdots + \bar{F}_{in}\bar{p}_n - \bar{Q}_i - \Omega\bar{R}_{Hi}=0 \\
\quad\vdots \\
\bar{F}_j = \bar{F}_{j1}\bar{p}_1 + \cdots + \bar{F}_{ji}\bar{p}_i + \cdots + (\bar{F}_{jj}\bar{p}_j - \bar{Q}_R) + \cdots + \bar{F}_{jn}\bar{p}_n - \Omega\bar{R}_{Hj}=0 \\
\quad\vdots \\
\bar{F}_n = \bar{F}_{n1}\bar{p}_1 + \cdots + \bar{F}_{ni}\bar{p}_i + \cdots + \bar{F}_{nj}\bar{p}_j + \cdots + \bar{F}_{nn}\bar{p}_n - \bar{Q}_n - \Omega\bar{R}_{Hn}=0
\end{cases}
\tag{2-48}
$$

式(2-48)中第 jj 项可表示为

$$\Delta\bar{F}_{jj} = \bar{F}_{jj}\bar{p}_j - \bar{Q}_R \tag{2-49}$$

对节点压力 $\bar{p}_j$ 的导数为

$$\left.\frac{\partial\Delta\bar{F}_{jj}}{\partial\bar{p}_j}\right|_0 = \bar{F}_{jj} - \left.\frac{\partial\bar{Q}_R}{\partial\bar{p}_j}\right|_0 \tag{2-50}$$

其中，下标 0 表示初始状态所对应的压力值。由于式(2-47)不能通过一次矩阵除法直接求出节点压力 $\bar{p}_i(i=1,2,\cdots,n)$ 的值，因此可以考虑构建迭代关系。用 $\bar{p}_i|_0$ $(i=1,2,\cdots,n)$ 表示节点压力的初始值，注意到非供油孔处的流量 $\bar{Q}_i=0$ 及式(2-48) 的最后一项为常数，因此可以取 $\bar{F}_i(i=1,2,\cdots,n)$ 在节点初始压力值 $\bar{p}_i|_0$ $(i=1,2,\cdots,n)$ 处的一阶泰勒级数来得到式(2-48)的近似函数关系：

$$\begin{cases} \overline{F}_1\big|_0+\dfrac{\partial \overline{F}_1}{\partial \bar{p}_1}\bigg|_0\Delta \bar{p}_1+\cdots+\dfrac{\partial \overline{F}_1}{\partial \bar{p}_i}\bigg|_0\Delta \bar{p}_i+\cdots+\dfrac{\partial \overline{F}_1}{\partial \bar{p}_j}\bigg|_0\Delta \bar{p}_j+\cdots+\dfrac{\partial \overline{F}_1}{\partial \bar{p}_n}\bigg|_0\Delta \bar{p}_n=0 \\ \vdots \\ \overline{F}_i\big|_0+\dfrac{\partial \overline{F}_i}{\partial \bar{p}_1}\bigg|_0\Delta \bar{p}_1+\cdots+\dfrac{\partial \overline{F}_i}{\partial \bar{p}_i}\bigg|_0\Delta \bar{p}_i+\cdots+\dfrac{\partial \overline{F}_i}{\partial \bar{p}_j}\bigg|_0\Delta \bar{p}_j+\cdots+\dfrac{\partial \overline{F}_i}{\partial \bar{p}_n}\bigg|_0\Delta \bar{p}_n=0 \\ \vdots \\ \overline{F}_j\big|_0+\dfrac{\partial \overline{F}_j}{\partial \bar{p}_1}\bigg|_0\Delta \bar{p}_1+\cdots+\dfrac{\partial \overline{F}_j}{\partial \bar{p}_i}\bigg|_0\Delta \bar{p}_i+\cdots+\dfrac{\partial \overline{F}_j}{\partial \bar{p}_j}\bigg|_0\Delta \bar{p}_j+\cdots+\dfrac{\partial \overline{F}_j}{\partial \bar{p}_n}\bigg|_0\Delta \bar{p}_n=0 \\ \vdots \\ \overline{F}_n\big|_0+\dfrac{\partial \overline{F}_n}{\partial \bar{p}_1}\bigg|_0\Delta \bar{p}_1+\cdots+\dfrac{\partial \overline{F}_n}{\partial \bar{p}_i}\bigg|_0\Delta \bar{p}_i+\cdots+\dfrac{\partial \overline{F}_n}{\partial \bar{p}_j}\bigg|_0\Delta \bar{p}_j+\cdots+\dfrac{\partial \overline{F}_n}{\partial \bar{p}_n}\bigg|_0\Delta \bar{p}_n=0 \end{cases}$$

$$(2\text{-}51)$$

将式(2-51)代回到式(2-48)并写成矩阵形式可得

$$\begin{bmatrix} \overline{F}_{11} & \overline{F}_{12} & \cdots & \overline{F}_{1j} & \cdots & \overline{F}_{1n} \\ \vdots & \vdots & & \vdots & & \vdots \\ \overline{F}_{i1} & \overline{F}_{i2} & \cdots & \overline{F}_{ij} & \cdots & \overline{F}_{in} \\ \vdots & \vdots & & \vdots & & \vdots \\ \overline{F}_{j1} & \overline{F}_{j2} & \cdots & (\overline{F}_{jj}+D_1) & \cdots & \overline{F}_{jn} \\ \vdots & \vdots & & \vdots & & \vdots \\ \overline{F}_{n1} & \overline{F}_{n2} & \cdots & \overline{F}_{nj} & \cdots & \overline{F}_{nn} \end{bmatrix} \begin{bmatrix} \Delta \bar{p}_1 \\ \vdots \\ \Delta \bar{p}_i \\ \vdots \\ \Delta \bar{p}_j \\ \vdots \\ \Delta \bar{p}_n \end{bmatrix} = \begin{bmatrix} \overline{Q}_1\big|_0 \\ \vdots \\ \overline{Q}_i\big|_0 \\ \vdots \\ \overline{Q}_R\big|_0 \\ \vdots \\ \overline{Q}_n\big|_0 \end{bmatrix} + \Omega \begin{bmatrix} \overline{R}_{H1} \\ \vdots \\ R_{Hi} \\ \vdots \\ \overline{R}_{Hj} \\ \vdots \\ \overline{R}_{Hn} \end{bmatrix} - \overline{\boldsymbol{F}} \begin{bmatrix} \bar{p}_1\big|_0 \\ \vdots \\ \bar{p}_i\big|_0 \\ \vdots \\ \bar{p}_j\big|_0 \\ \vdots \\ \bar{p}_n\big|_0 \end{bmatrix}$$

$$(2\text{-}52)$$

其中,等号最右边的向量 $\overline{\boldsymbol{F}}$ 即为式(2-47)中最左边的系数矩阵:

$$\overline{\boldsymbol{F}} = \begin{bmatrix} \overline{F}_{11} & \overline{F}_{12} & \cdots & \overline{F}_{1j} & \cdots & \overline{F}_{1n} \\ \vdots & \vdots & & \vdots & & \vdots \\ \overline{F}_{i1} & \overline{F}_{i2} & \cdots & \overline{F}_{ij} & \cdots & \overline{F}_{in} \\ \vdots & \vdots & & \vdots & & \vdots \\ \overline{F}_{j1} & \overline{F}_{j2} & \cdots & \overline{F}_{jj} & \cdots & \overline{F}_{jn} \\ \vdots & \vdots & & \vdots & & \vdots \\ \overline{F}_{n1} & \overline{F}_{n2} & \cdots & \overline{F}_{nj} & \cdots & \overline{F}_{nn} \end{bmatrix}$$

$$(2\text{-}53)$$

由式(2-45)可得

$$D_1 = -\frac{\partial \overline{Q}_R}{\partial \bar{p}_j}\bigg|_0 = \frac{C_{s2}}{2\,(1-\bar{p}_j)^{1/2}} \tag{2-54}$$

式(2-52)可看作一种迭代关系式,$\bar{p}_i\big|_0$ 可以取上一次迭代后得到的节点压力值,$\Delta\bar{p}_i\big|_0$ 给出了当前迭代步求出的修正量。在构建了迭代关系后,需要对边界条件进行处理。比较适用于编程的方法有对角线归一法,其具体步骤如下:

(1) 将已知压力值的节点 $\bar{p}_{\text{JB}(i,1)}$ 与对应的系数矩阵的列相乘,并移到方程等号右边;

（2）将已知压力值的节点 $\bar{p}_{\mathrm{JB}(i,1)}$ 对应的系数矩阵的行全部置 0；

（3）将已知压力值的节点 $\bar{p}_{\mathrm{JB}(i,1)}$ 对应的系数矩阵的列全部置 0；

（4）将已知压力值的节点 $\bar{p}_{\mathrm{JB}(i,1)}$ 对应的系数矩阵的对角线元素置 1；

（5）将已知压力值的节点 $\bar{p}_{\mathrm{JB}(i,1)}$ 对应的等号右边向量元素之和置为边界值 $\bar{p}_{\mathrm{JB}(i,2)}$。

用 b 表示式(2-52)等号右边项的合并项，则对角线归一法用程序语言可表示为

```
for i=1:1:length(JB(:,1))          % 提取边界节点个数
        II=JB(i,1);                % 提取边界节点序号
        b=b- F(:,II)* JB(i,2);     % 对角线归一法第一步
        F(:,II)=F(:,II)* 0;        % 对角线归一法第二步
        F(II,:)=F(II,:)* 0;        % 对角线归一法第三步
        F(II,II)=1;                % 对角线归一法第四步
        b(II,i)=JB(i,2);           % 对角线归一法第五步
    end
```

新的压力值可以通过将上一次迭代的压力修正后得到：

$$\bar{p}\big|_0^{(m+1)}=\bar{p}_0^m+\Delta\bar{p}_0^m \tag{2-55}$$

当两次迭代求得的节点压力几乎没有变化时，即可认为压力的求解已经收敛，用方程可表示如下：

$$\mathrm{err}=\frac{\sum_{i=1}^{n}|\bar{p}_i\big|_0^{(m+1)}-\bar{p}_i\big|_0^m|}{\sum_{i=1}^{n}|\bar{p}_i\big|_0^{(m+1)}|}\leqslant\delta_1 \tag{2-56}$$

δ_1 是收敛误差，一般可以设置为 $10^{-5}\sim10^{-3}$。

2.4.2　有限元求解雷诺方程的程序流程

利用有限元计算方法求解孔入式液体静压径向轴承雷诺方程时，可采用 Matlab 对上述 FEM 公式进行有限元数值计算。如图 2-9 所示，通过使用四节点矩形单元，将孔入式液体静压径向轴承油膜区域划分为矩形网格。整个 FEM 解决方案需要进行数值计算迭代过程，数值计算具体迭代过程步骤如下：

（1）赋初值，输入孔入式液体静压径向轴承的结构和工况参数；

（2）离散化网格处理，使用四节点矩形单元对整个油膜流场进行离散化，存储离散数据 JM、JX、JB；

（3）计算有限元整体系数矩阵；

（4）初始化节点上的流体膜压力；

（5）油膜压力计算公式数值化处理；

（6）求解油膜压力修正值，并对当前节点压力值进行低松弛迭代，计算新的节点压力；

（7）对边界条件进行处理；

（8）重复步骤（6）至（7），直到满足收敛标准；

（9）如果满足收敛标准，则输出油膜压力值。

孔入式液体静压径向轴承特性有限元计算方法的具体流程如图 2-10 所示。

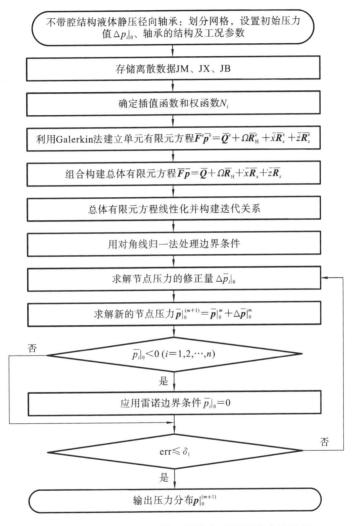

图 2-10　液体静压径向轴承特性有限元计算方法流程

第3章 孔入式液体静压径向轴承静动态特性有限元计算方法及分析

液体静压径向轴承的结构类型较多,本章以经典的孔入式液体静压径向轴承为例,以用有限元方法求解雷诺方程得到油膜压力分布为基础,给出了孔入式液体静压径向轴承的静动态特性,以及轴心稳态平衡位置的求解方法;详细讲解如何建立孔入式液体静压径向轴承雷诺方程,并利用有限元计算方法将其离散化,以及利用Matlab编程求解离散化的油膜压力控制方程;分析了不同设计参数对孔入式液体静压径向轴承静态特性的影响,以及孔入式液体静压径向轴承的设计参数(包括结构参数和工况参数)对其支承性能的影响规律。

孔入式液体静压径向轴承的结构参数和工况参数是最直接的影响轴承性能的因素,决定了动静压轴承静动态性能的基础。孔入式液体静压径向轴承的分析结果对不同结构类型的轴承不一定具备适应性,但孔入式液体静压径向轴承支承性能的求解及分析方法具有一定的通用性,可用于求解其他结构类型的液体静压径向轴承。

3.1 液体静压润滑有限元静态特性参数计算方法

静态特性参数主要包括稳态的承载力、负载转矩和供油流量等宏观的性能参数。在第2章中讲解了雷诺方程的有限元解法,可以求出稳态条件下的油膜压力分布。在已知油膜压力分布 $\bar{p}$ 后,即可通过积分求和得到轴承的承载力,假设节点总数为 n,则在图2-3的坐标系下有

$$\bar{F}_x = -\int_0^2\int_0^{2\pi} \bar{p}\cos\theta \mathrm{d}\alpha \mathrm{d}\beta = -\sum_{i=1}^{n} \bar{p}_i\cos\theta_i \cdot \Delta\alpha \cdot \Delta\beta \tag{3-1}$$

$$\bar{F}_y = -\int_0^2\int_0^{2\pi} \bar{p}\sin\theta \mathrm{d}\alpha \mathrm{d}\beta = -\sum_{i=1}^{n} \bar{p}_i\sin\theta_i \cdot \Delta\alpha \cdot \Delta\beta \tag{3-2}$$

润滑油具有黏性,当润滑油内部存在速度差时,润滑油内部就会产生剪切应力,剪切应力作用于油膜面上,即产生了剪切力矩。油膜的剪切力矩会对主轴的运转起到阻尼作用,是一个十分关键的参数,直接关系到驱动设备的选型。主轴运转时油膜的运动以周向运动为主,故只需要分析油膜的周向速度即可。图3-1所示是轴承间隙内油膜的周向速度分布示意图。下表面代表轴承,固定不动,上表面代表主轴,运动速度为 U。

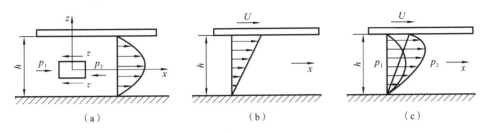

图 3-1　油膜速度分布示意图

(a) 压力流；(b) 速度流；(c) 压力流＋速度流

对轴承间隙内的压力油膜进行分析可知，造成流体微元运动的主要因素有两个：流体微元前后的压力差和平板的运动。流体的压力流如图 3-1(a) 所示，由无滑移边界条件可得，油膜沿周向的速度可表示为

$$u_1 = -\frac{1}{2\mu} \cdot \frac{\partial p}{\partial x}(z^2 - hz) \tag{3-3}$$

由图 3-1(b) 可得，轴承间隙内的速度流呈线性分布：

$$u_2 = \frac{z}{h}U \tag{3-4}$$

因此，总的周向速度为

$$u_x = u_1 + u_2 = -\frac{1}{2\mu} \cdot \frac{\partial p}{\partial x}(z^2 - hz) + \frac{z}{h}U \tag{3-5}$$

周向剪切应力为

$$\tau = -\mu \frac{\mathrm{d}u_x}{\mathrm{d}z} = \left(z - \frac{h}{2}\right) \cdot \frac{\partial p}{\partial x} - \mu \frac{U}{h} \tag{3-6}$$

若只关注轴承表面的剪切应力，则取 $z = 0$ 可得

$$\tau = -\mu \frac{\mathrm{d}u_x}{\mathrm{d}z} = -\frac{h}{2} \cdot \frac{\partial p}{\partial x} - \mu \frac{U}{h} \tag{3-7}$$

τ 写成无量纲形式为

$$\tau^* = \frac{\tau}{\dfrac{p_s h_0}{R_J}} = -\frac{\bar{h}}{2} \cdot \frac{\partial \bar{p}}{\partial \theta} - \Omega \cdot \frac{1}{\bar{h}} \tag{3-8}$$

τ^* 写成离散形式为

$$\tau^*(i,j) = -\frac{\bar{h}(i,j)}{2} \cdot \frac{\bar{p}(i+1,j) - \bar{p}(i,j)}{\Delta\alpha} - \Omega \cdot \frac{1}{\bar{h}(i,j)} \tag{3-9}$$

式中：i, j——网格节点的行号和列号。

设网格节点总的行号和列号分别为 m、n，则负载转矩可通过求和的方式得到：

$$\overline{T} = \sum_{i=1}^{m}\sum_{j=1}^{n}\left[-\frac{\bar{h}(i,j)}{2} \cdot \frac{\bar{p}(i+1,j) - \bar{p}(i,j)}{\Delta\alpha} - \Omega \cdot \frac{1}{\bar{h}(i,j)}\right] \cdot \bar{R}_J \cdot \Delta\alpha\Delta\beta$$

$$\tag{3-10}$$

轴承的进油流量也是一个很重要的参数，直接关系到油泵的规格，对油泵的选型

具有重要的意义,在求得了油膜的压力分布之后,即可通过式(2-45)求得。系统的总流量可通过对 24 个供油孔的流量求和得到:

$$\overline{Q}_{\mathrm{SUM}} = \sum_{n=1}^{24} C_{s2} \ (1-\overline{p}_n)^{1/2} \tag{3-11}$$

式中:n——供油孔数量。

3.2　液体静压润滑有限元动态特性参数计算方法

轴承的动态特性参数包括轴承的刚度和阻尼,也是衡量轴承承载能力的重要指标。不考虑主轴的倾斜,只考虑主轴沿 x、z 方向的平行位移,油膜的 8 个无量纲的刚度和阻尼系数的定义如下:

$$\overline{S}_{xx} = -\frac{\partial \overline{F}_x}{\partial \overline{x}}, \quad \overline{S}_{xz} = -\frac{\partial \overline{F}_x}{\partial \overline{z}}, \quad \overline{S}_{zx} = -\frac{\partial \overline{F}_z}{\partial \overline{x}}, \quad \overline{S}_{zz} = -\frac{\partial \overline{F}_z}{\partial \overline{z}} \tag{3-12}$$

$$\overline{D}_{xx} = -\frac{\partial \overline{F}_x}{\partial \dot{\overline{x}}}, \quad \overline{D}_{xz} = -\frac{\partial \overline{F}_x}{\partial \dot{\overline{z}}}, \quad \overline{D}_{zx} = -\frac{\partial \overline{F}_z}{\partial \dot{\overline{x}}}, \quad \overline{D}_{zz} = -\frac{\partial \overline{F}_z}{\partial \dot{\overline{z}}} \tag{3-13}$$

从定义可知,瞬态的油膜刚度和阻尼是油膜合力对位移和速度的导数,而油膜合力 $\overline{F}_x$、$\overline{F}_z$ 是一个积分量,在数值求解的过程中并不包含对位移和速度的导数关系,无法直接按照定义来求解。传统的求解油膜刚度的方法是小扰动法,即假设主轴发生微小的位移,将承载力的差值除以位移来得到刚度,这实际上是一种线性化的处理方式,不可避免地会造成一定的误差。

本节将给出一种直接对雷诺方程进行整体微分处理的数值求解方法,参照油膜压力分布的求解过程,先求解出 $\frac{\partial \overline{p}}{\partial \overline{x}}$、$\frac{\partial \overline{p}}{\partial \overline{z}}$、$\frac{\partial \overline{p}}{\partial \dot{\overline{x}}}$、$\frac{\partial \overline{p}}{\partial \dot{\overline{z}}}$ 在整个油膜面上的分布,再在整个油膜面上进行积分求和,即可得到瞬态刚度或阻尼的准确值。

考虑到油膜压力是轴心位置和轴心运动速度的函数 $p(\overline{x}, \overline{z}, \dot{\overline{x}}, \dot{\overline{z}})$,要在雷诺方程中引入 $\frac{\partial \overline{p}}{\partial \overline{x}}$、$\frac{\partial \overline{p}}{\partial \overline{z}}$、$\frac{\partial \overline{p}}{\partial \dot{\overline{x}}}$、$\frac{\partial \overline{p}}{\partial \dot{\overline{z}}}$,可以将单元有限元方程(2-34)整体对 $\overline{x}$、$\overline{z}$、$\dot{\overline{x}}$、$\dot{\overline{z}}$ 求导。先以对 $\overline{x}$ 求导为例,可得

$$\frac{\partial}{\partial \overline{x}} (\overline{F}^e \overline{p}^e) = \frac{\partial}{\partial \overline{x}} (\overline{Q}^e + \varOmega \overline{R}^e_{\mathrm{H}} + \dot{\overline{x}} \overline{R}^e_x + \dot{\overline{z}} \overline{R}^e_z) \tag{3-14}$$

在雷诺方程中,只有油膜厚度 $\overline{h}$ 和压力 $\overline{p}$ 是位移 $\overline{x}$ 的函数,由式(2-35)可知式(3-14)中等号右边最后两速度项对 $\overline{x}$ 的导数为 0,因此式(3-14)展开后可简化为

$$\overline{F}^e \frac{\partial \overline{p}^e}{\partial \overline{x}} = \frac{\partial \overline{Q}^e}{\partial \overline{x}} + \varOmega \frac{\partial \overline{R}^e_{\mathrm{H}}}{\partial \overline{x}} - \frac{\partial \overline{F}^e}{\partial \overline{x}} \overline{p}^e \tag{3-15}$$

式中:$\overline{p}^e$——油膜压力分布。在求解了雷诺方程之后,压力分布即为已知量。

由式(2-35)和小孔节流器的流量公式(2-45)可得

$$\begin{cases} \dfrac{\partial \overline{F}_{ij}^{e}}{\partial \overline{x}} = \int_{\Omega^{e}} 3\overline{h}^{2}\left(-\cos\alpha\right)\left[\dfrac{1}{12}\dfrac{\partial N_i}{\partial \alpha}\dfrac{\partial N_j}{\partial \alpha} + \dfrac{1}{12}\dfrac{\partial N_i}{\partial \beta}\dfrac{\partial N_j}{\partial \beta}\right]\mathrm{d}\Omega^{e} \\[3mm] \dfrac{\partial \overline{Q}_{i}^{e}}{\partial \overline{x}} = \dfrac{\partial \left(C_{s2}\left(1-\overline{p}_i\right)^{1/2}\right)}{\partial \overline{x}} = -\dfrac{C_{s2}}{2\left(1-\overline{p}_i\right)^{1/2}}\dfrac{\partial \overline{p}_i}{\partial \overline{x}} \\[3mm] \dfrac{\partial \overline{R}_{\mathrm{H}i}^{e}}{\partial \overline{x}} = \int_{\Omega^{e}} -\dfrac{\cos\alpha}{2}\dfrac{\partial N_i}{\partial \alpha}\mathrm{d}\Omega^{e} \end{cases} \tag{3-16}$$

式中：$i,j=1,2,3,4$。$\dfrac{\partial \overline{Q}_{i}^{e}}{\partial \overline{x}}$ 的求解公式同样只在供油孔上的节点处适用，其在其他节点处为 0。相应的整体刚度求解的有限元方程为

$$\overline{\boldsymbol{F}}\dfrac{\partial \overline{\boldsymbol{p}}}{\partial \overline{x}} = \dfrac{\partial \overline{\boldsymbol{Q}}}{\partial \overline{x}} + \Omega\dfrac{\partial \overline{\boldsymbol{R}}_{\mathrm{H}}}{\partial \overline{x}} - \dfrac{\partial \overline{\boldsymbol{F}}}{\partial \overline{x}}\overline{\boldsymbol{p}} \tag{3-17}$$

其中，单元有限元方程的系数矩阵合并到整体有限元方程的方法与前面章节中求解雷诺方程时的合并方法相同。

由于轴承两端边界上的压力始终为 0，因此在轴承两端边界节点上满足：

$$\dfrac{\partial \overline{p}_i}{\partial \overline{x}} = 0 \quad (i \in \mathrm{JB}(:,1)) \tag{3-18}$$

求解式（3-17）的边界条件的处理方式也与前文求解雷诺方程时的处理方式相同。

由于压力分布 $\overline{\boldsymbol{p}}$ 为已知项，并且方程（3-17）是关于 $\dfrac{\partial \overline{\boldsymbol{p}}}{\partial \overline{x}}$ 的线性方程组。因此，根据式（3-16）求出系数矩阵后，即可直接运用矩阵运算求出 $\dfrac{\partial \overline{\boldsymbol{p}}}{\partial \overline{x}}$ 在每个节点的分布值。采用相同的方法，可以求出 $\dfrac{\partial \overline{\boldsymbol{p}}}{\partial \overline{z}}$。在求出 $\dfrac{\partial \overline{\boldsymbol{p}}}{\partial \overline{x}}$、$\dfrac{\partial \overline{\boldsymbol{p}}}{\partial \overline{z}}$ 后，即可通过积分求和得到动静压轴承在稳态条件下的刚度。假设油膜网格在 α 和 β 方向的节点个数分别为 m、n，则在图 2-3 所示的坐标系下，刚度的求解公式为

$$\begin{cases} \overline{S}_{xx} = -\dfrac{\partial \overline{F}_x}{\partial \overline{x}} = \int_{0}^{2}\int_{0}^{2\pi}\dfrac{\partial \overline{\boldsymbol{p}}}{\partial \overline{x}}\cos\alpha\mathrm{d}\alpha\mathrm{d}\beta = \sum_{i=1}^{m}\sum_{j=1}^{n}\dfrac{\partial \overline{\boldsymbol{p}}_{i,j}}{\partial \overline{x}}\cos\alpha \cdot \Delta\alpha \cdot \Delta\beta \\[3mm] \overline{S}_{zx} = -\dfrac{\partial \overline{F}_z}{\partial \overline{x}} = \int_{0}^{2}\int_{0}^{2\pi}\dfrac{\partial \overline{\boldsymbol{p}}}{\partial \overline{x}}\sin\alpha\mathrm{d}\alpha\mathrm{d}\beta = \sum_{i=1}^{m}\sum_{j=1}^{n}\dfrac{\partial \overline{\boldsymbol{p}}_{i,j}}{\partial \overline{x}}\sin\alpha \cdot \Delta\alpha \cdot \Delta\beta \\[3mm] \overline{S}_{xz} = -\dfrac{\partial \overline{F}_x}{\partial \overline{z}} = \int_{0}^{2}\int_{0}^{2\pi}\dfrac{\partial \overline{\boldsymbol{p}}}{\partial \overline{z}}\cos\alpha\mathrm{d}\alpha\mathrm{d}\beta = \sum_{i=1}^{m}\sum_{j=1}^{n}\dfrac{\partial \overline{\boldsymbol{p}}_{i,j}}{\partial \overline{z}}\cos\alpha \cdot \Delta\alpha \cdot \Delta\beta \\[3mm] \overline{S}_{zz} = -\dfrac{\partial \overline{F}_z}{\partial \overline{z}} = \int_{0}^{2}\int_{0}^{2\pi}\dfrac{\partial \overline{\boldsymbol{p}}}{\partial \overline{z}}\sin\alpha\mathrm{d}\alpha\mathrm{d}\beta = \sum_{i=1}^{m}\sum_{j=1}^{n}\dfrac{\partial \overline{\boldsymbol{p}}_{i,j}}{\partial \overline{z}}\sin\alpha \cdot \Delta\alpha \cdot \Delta\beta \end{cases} \tag{3-19}$$

同样，在求解阻尼时，将单元有限元方程整体对速度 $\dot{\overline{x}}$、$\dot{\overline{z}}$ 求导，以对 $\dot{\overline{x}}$ 求导为例，得到

$$\dfrac{\partial}{\partial \dot{\overline{x}}}\left(\overline{\boldsymbol{F}}^{e}\,\overline{\boldsymbol{p}}^{e}\right) = \dfrac{\partial}{\partial \dot{\overline{x}}}\left(\overline{\boldsymbol{Q}}^{e} + \Omega\overline{\boldsymbol{R}}_{\mathrm{H}}^{e} + \dot{\overline{x}}\,\overline{\boldsymbol{R}}_{x}^{e} + \dot{\overline{z}}\,\overline{\boldsymbol{R}}_{z}^{e}\right) \tag{3-20}$$

在雷诺方程中，只有压力 $\bar{p}$ 是速度的函数，因此式（3-20）中等号右边第二项和第四项求导之后为 0，展开后可化为

$$\bar{F}^e \frac{\partial \bar{p}^e}{\partial \dot{\bar{x}}} = \frac{\partial \bar{Q}^e}{\partial \dot{\bar{x}}} + \bar{R}^e_x \tag{3-21}$$

其中，$\dfrac{\partial \bar{Q}^e}{\partial \dot{\bar{x}}}$ 的形式与式（3-16）中的相似：

$$\frac{\partial \bar{Q}^e_i}{\partial \dot{\bar{x}}} = \frac{\partial \left(C_{s2} \left(1 - \bar{p}_i \right)^{1/2} \right)}{\partial \dot{\bar{x}}} = -\frac{C_{s2}}{2 \left(1 - \bar{p}_i \right)^{1/2}} \frac{\partial \bar{p}_i}{\partial \dot{\bar{x}}} \tag{3-22}$$

$\bar{R}^e_x$ 的形式在式（2-35）中已经给出。在计算出系数矩阵后即可通过矩阵运算得到 $\dfrac{\partial \bar{p}^e}{\partial \dot{\bar{x}}}$，$\dfrac{\partial \bar{p}^e}{\partial \dot{\bar{z}}}$ 的求法与其相似。四个阻尼可以根据积分求和的方法得到，形式与式（3-19）类似：

$$\begin{cases} \bar{D}_{xx} = -\dfrac{\partial \bar{F}_x}{\partial \dot{\bar{x}}} = \displaystyle\int_0^2 \int_0^{2\pi} \dfrac{\partial \bar{p}}{\partial \dot{\bar{x}}} \cos\alpha \, \mathrm{d}\alpha \mathrm{d}\beta = \sum_{i=1}^{m} \sum_{j=1}^{n} \dfrac{\partial \bar{p}_{i,j}}{\partial \dot{\bar{x}}} \cos\alpha \cdot \Delta\alpha \cdot \Delta\beta \\[3mm] \bar{D}_{zx} = -\dfrac{\partial \bar{F}_z}{\partial \dot{\bar{x}}} = \displaystyle\int_0^2 \int_0^{2\pi} \dfrac{\partial \bar{p}}{\partial \dot{\bar{x}}} \sin\alpha \, \mathrm{d}\alpha \mathrm{d}\beta = \sum_{i=1}^{m} \sum_{j=1}^{n} \dfrac{\partial \bar{p}_{i,j}}{\partial \dot{\bar{x}}} \sin\alpha \cdot \Delta\alpha \cdot \Delta\beta \\[3mm] \bar{D}_{xz} = -\dfrac{\partial \bar{F}_x}{\partial \dot{\bar{z}}} = \displaystyle\int_0^2 \int_0^{2\pi} \dfrac{\partial \bar{p}}{\partial \dot{\bar{z}}} \cos\alpha \, \mathrm{d}\alpha \mathrm{d}\beta = \sum_{i=1}^{m} \sum_{j=1}^{n} \dfrac{\partial \bar{p}_{i,j}}{\partial \dot{\bar{z}}} \cos\alpha \cdot \Delta\alpha \cdot \Delta\beta \\[3mm] \bar{D}_{zz} = -\dfrac{\partial \bar{F}_z}{\partial \dot{\bar{z}}} = \displaystyle\int_0^2 \int_0^{2\pi} \dfrac{\partial \bar{p}}{\partial \dot{\bar{z}}} \sin\alpha \, \mathrm{d}\alpha \mathrm{d}\beta = \sum_{i=1}^{m} \sum_{j=1}^{n} \dfrac{\partial \bar{p}_{i,j}}{\partial \dot{\bar{z}}} \sin\alpha \cdot \Delta\alpha \cdot \Delta\beta \end{cases} \tag{3-23}$$

3.3 孔入式液体静压径向轴承轴心稳态平衡位置的计算方法

理论上，当动静压主轴受到稳定的外部载荷，并且其他工况条件也都保持恒定时，主轴的轴心会保持在一个平衡点上。每一种工况组合都对应着一个新的平衡位置，合理的轴心平衡位置对动静压轴承的稳定运行具有重要意义。在不考虑主轴倾斜的情况下，轴心的平衡位置决定了油膜厚度在圆周上的分布情况，也决定了最小油膜厚度的大小。在实际的运行过程中，动静压轴承系统会受到很多外界扰动（如载荷波动、温度变化、供油压力不稳定等）的影响，使得主轴的轴心无法稳定在平衡点上，而是在平衡点周围跳动。当最小油膜厚度过小时，轴心的跳动会给轴承系统带来不稳定因素。若主轴的跳动幅度超过了最小油膜厚度，主轴就会与轴承内壁发生碰撞，导致轴承磨损甚至系统失稳。因此一般来说，主轴在工作过程中的偏心率不应超过 0.7。

在轴承的设计和运行过程中，一般会根据载荷的大小来设计轴承的基本尺寸和选择供油系统的压力参数。在进行初步的轴承结构设计后要对主轴的平衡位置进行

校验计算。本节将在前述计算瞬态刚度的基础上讲解计算轴心平衡位置的方法。图 3-2 所示为求解轴心稳态平衡位置的示意图。O 点为轴承的中心，O_s 为主轴的稳态平衡位置，虚线圆为轴心运动范围。主轴承受的载荷为 W，水平和竖直方向的分量分别为 W_x、W_z。油膜的刚度和阻尼可以简化为弹簧-阻尼系统，在求解轴心稳态平衡位置时不涉及运动速度，因此，只需要用到油膜刚度。如图 3-2 所示，将油膜的四个刚度简化为 x 和 z 方向的弹簧。当轴心处于稳态平衡位置 O_s 时，根据力学平衡关系应有

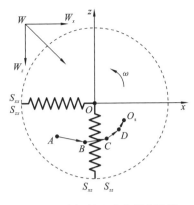

图 3-2　求解轴心稳态平衡位置
的示意图

$$\begin{cases} \overline{F}_x^{O_s} + W_x = 0 \\ \overline{F}_z^{O_s} - W_z = 0 \end{cases} \tag{3-24}$$

式中：$\overline{F}_x^{O_s}$、$\overline{F}_z^{O_s}$ ——轴心处于平衡位置时 x、z 方向的油膜合力。

由于 O_s 是需要求解的平衡位置，因此在开始计算时，假设主轴轴心的位置为 A 点，根据前面章节中讲述的方法可以求出油膜在 A 点时的油膜力 $\overline{F}_x^A$、$\overline{F}_z^A$ 和刚度 $\overline{S}_{xx}^A$、$\overline{S}_{xz}^A$、$\overline{S}_{zx}^A$、$\overline{S}_{zz}^A$。假设 A 点与 O_s 的距离为 $(\Delta x_A, \Delta z_A)$，将 $\overline{F}_x^{O_s}$、$\overline{F}_z^{O_s}$ 在 A 点处进行泰勒级数展开，并只保留一阶项，式（3-24）可变为

$$\begin{cases} \overline{F}_x^A + \dfrac{\partial \overline{F}_x^A}{\partial \Delta x_A} \Delta x_A + \dfrac{\partial \overline{F}_x^A}{\partial \Delta z_A} \Delta z_A + W_x = 0 \\ \overline{F}_z^A + \dfrac{\partial \overline{F}_z^A}{\partial \Delta x_A} \Delta x_A + \dfrac{\partial \overline{F}_z^A}{\partial \Delta z_A} \Delta z_A - W_z = 0 \end{cases} \tag{3-25}$$

用刚度代替式（3-25）中的微分项并写成矩阵形式得

$$\begin{bmatrix} \overline{S}_{xx}^A & \overline{S}_{xz}^A \\ \overline{S}_{zx}^A & \overline{S}_{zz}^A \end{bmatrix} \begin{bmatrix} \Delta x_A \\ \Delta z_A \end{bmatrix} = \begin{bmatrix} \overline{F}_x^A + W_x \\ \overline{F}_z^A - W_z \end{bmatrix} \tag{3-26}$$

根据式（3-26）即可求出 A 点与真实的平衡位置 O_s 之间的距离 $(\Delta x_A, \Delta z_A)$。由于式（3-25）表示的是一种简化的近似力学平衡关系，因此通过 A 点坐标 (x_A, z_A) 和 $(\Delta x_A, \Delta z_A)$ 并不能准确地得到 O_s 的坐标值。这里，借鉴求解雷诺方程时采用的线性化方法，将式（3-26）也看作一种迭代关系。$(\Delta x_A, \Delta z_A)$ 可以看作每次轴心位置的调整量。假设 A 点调整后变为 B 点，则可以同样将 $\overline{F}_x^{O_s}$、$\overline{F}_z^{O_s}$ 在点 B 处进行泰勒级数展开，求得下一步的调整量 $(\Delta x_B, \Delta z_B)$。将迭代关系写成表达式的形式为

$$\begin{cases} \overline{x}_J|_{j+1} = \overline{x}_J|_j + \Delta \overline{x}_J|_j \\ \overline{z}_J|_{j+1} = \overline{z}_J|_j + \Delta \overline{z}_J|_j \end{cases} \tag{3-27}$$

为保证求解的收敛性，可以在迭代过程中加入低松弛因子：

$$\begin{cases} \overline{x}_J|_{j+1} = \overline{x}_J|_j + \lambda \cdot \Delta \overline{x}_J|_j \\ \overline{z}_J|_{j+1} = \overline{z}_J|_j + \lambda \cdot \Delta \overline{z}_J|_j \end{cases} \tag{3-28}$$

其中,$0<\lambda<1$。迭代的收敛条件可设置为

$$\frac{(\Delta \bar{x}_J|_j)^2 + (\Delta \bar{z}_J|_j)^2}{(\bar{x}_J|_j)^2 + (\bar{z}_J|_j)^2} \leqslant \mathrm{err} \tag{3-29}$$

err 一般可取为 10^{-3}。轴心稳态平衡位置的有限元求解可采用 Matlab 编程方法,其具体流程如图 3-3 所示。

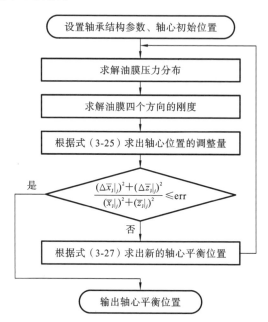

图 3-3 轴心稳态平衡位置 Matlab 编程求解流程

3.4 孔入式液体静压径向轴承静动态特性分析

无量纲节流系数 C_{s2} 是一个综合系数,对于小孔节流器而言其表达式为:$C_{s2} = \left(\frac{\pi d_0^2 \mu \psi_d}{4 h_0^3}\right)\left(\frac{2}{\rho p_s}\right)^{1/2}$。它包含了设计油膜间隙 h_0、供油孔直径 d_0、润滑油的黏度 μ、润滑油密度 ρ 及供油压力 p_s。无量纲速度系数的表达式为:$\Omega = \omega_J \left(\mu R_J^2 / (h_0^2 p_s)\right)$。它同样包含设计油膜间隙 h_0、润滑油的黏度 μ 及供油压力 p_s。因此,在研究设计参数对轴承支承性能的影响时一般不单独研究以上变量的影响,重点研究对象为供油孔与轴承端部距离 a、无量纲节流系数 C_{s2}、无量纲速度系数 Ω、供油孔数量、供油孔排布方式及无量纲外载荷 W_0。

为使节流器的分压比在 0.4～0.7 的范围内,根据主轴的实际工况,本节将无量纲节流系数选为 $C_{s2}=0.02\sim0.12$,将无量纲速度系数选为 $\Omega=0.4\sim1.4$。当主轴处于静止状态且无偏心时,取 $C_{s2}=0.08$ 可以使节流器的分压比约等于 0.5,即油膜平

均压力与供油压力的比值 $\dfrac{p}{p_s}=0.5$。因此,在研究其他因素对动静压轴承支承性能的影响时,C_{s2} 的取值均为 0.08。为简化计算,速度系数 Ω 取值为 1。

3.4.1　节流系数对油膜承载能力的影响

图 3-4 所示为取不同的节流系数时对称式动静压轴承的油膜压力分布。当 C_{s2} 较小时,节流器造成了较大的压力降,从供油孔进入轴承间隙的润滑油压力较小,导

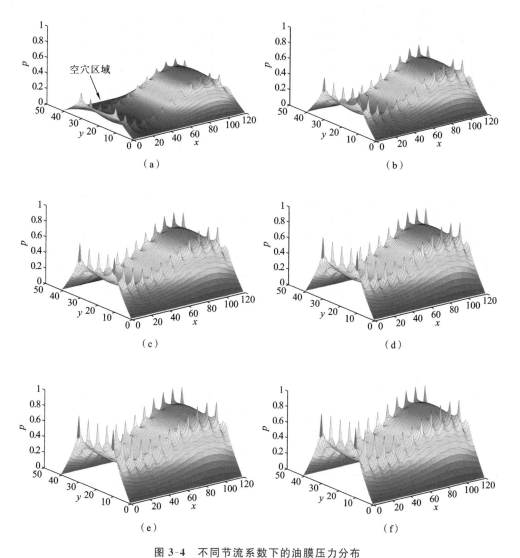

图 3-4　不同节流系数下的油膜压力分布

(a) $C_{s2}=0.02$　(b) $C_{s2}=0.04$　(c) $C_{s2}=0.06$　(d) $C_{s2}=0.08$　(e) $C_{s2}=0.10$　(f) $C_{s2}=0.12$

无量纲外载荷 $\overline{W}_0=1$,速度系数 $\Omega=1$,$a/L=0.25$

致油膜的整体压力较小,在 $C_{s2}=0.02$ 时甚至出现了部分空穴区域。随着节流系数的逐渐增大,油膜的整体压力也逐渐增大。从图 3-4(a)至图 3-4(f)可以看出,不同节流系数下的油膜压力分布趋势是一致的,整体的油膜压力随着供油孔压力的增大而增大。也可以认为外部压力供油提升了整体的油膜压力,避免了油膜破裂和空穴的产生。

图 3-5 和图 3-6 所示分别为取不同的节流系数时动静压轴承油膜刚度和阻尼随外载荷的变化曲线。从图 3-5 可以看出,在不同的节流系数条件下,油膜的交叉刚度 $\overline{S}_{zx}$ 随着外载荷增大逐渐减小,而 $\overline{S}_{xz}$ 随着外载荷的增大逐渐增大,交叉刚度的绝对值均随着节流系数的增大而减小。当 $C_{s2}=0.02$ 和 $C_{s2}=0.04$ 时,单向刚度 $\overline{S}_{xx}$ 和 $\overline{S}_{zz}$ 的变化趋势则出现了异常。考察对应的油膜压力分布可以发现,当 $C_{s2}=0.02$ 和 $C_{s2}=0.04$ 时,在外载荷 $\overline{W}_0>1$ 的情况下,油膜开始出现空穴,并且空穴的产生部位主要集中在第一象限及第二象限的少部分区域。图 3-7 所示为当 $C_{s2}=0.02$ 和 $C_{s2}=0.10$ 时不同外载荷下的油膜压力分布情况。可以看出,当 $C_{s2}=0.02$ 且载荷较小时,油膜能保持完整,当载荷变大时,油膜开始出现空穴,随着载荷的增大,油膜空穴区域

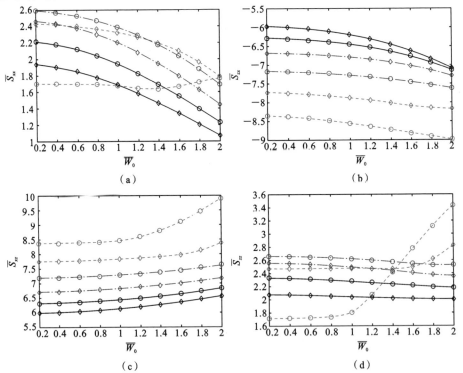

图 3-5 不同节流系数下油膜刚度随外载荷的变化趋势

- ○ - $C_{s2}=0.02$　- ◇ - $C_{s2}=0.04$　- ○ - $C_{s2}=0.06$
- ◇ - $C_{s2}=0.08$　- ○ - $C_{s2}=0.10$　- ◇ - $C_{s2}=0.12$

结构及工况条件:$a/L=0.25$,$\Omega=1$,供油孔数量 $n=24$,对称式

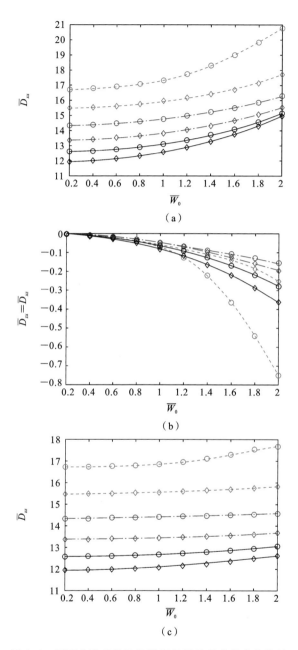

图 3-6   不同节流系数下油膜阻尼随外载荷的变化趋势

- ○ - $C_{s2}=0.02$ - ◇ - $C_{s2}=0.04$ - ○ - $C_{s2}=0.06$

- ◇ - $C_{s2}=0.08$ ○ $C_{s2}=0.10$ ◇ $C_{s2}=0.12$

结构及工况条件：$a/L=0.25$，$\Omega=1$，供油孔数量 $n=24$，对称式

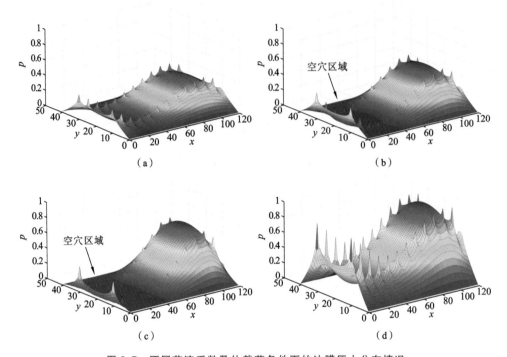

图 3-7　不同节流系数及外载荷条件下的油膜压力分布情况

(a) $C_{s2}=0.02,\overline{W}_0=0.8$　(b) $C_{s2}=0.02,\overline{W}_0=1.2$　(c) $C_{s2}=0.02,\overline{W}_0=1.6$　(d) $C_{s2}=0.10,\overline{W}_0=1.6$

速度系数 $\Omega=1,a/L=0.25$

也进一步增大。当 $C_{s2}=0.10$ 时,在相同的载荷($\overline{W}_0=1.6$)下,由于供油孔处压力较大,油膜并没有产生空穴。

产生空穴的原因在于节流系数较小时,供油孔的进油压力也很小,在承受较大的外载荷的情况下,主轴产生了较大的偏心,在油膜厚度较大的地方,由于供油压力较小,无法形成完整的油膜。图 3-8 所示为油膜空穴区域的示意图,右上角没有了油膜压力,故左下角区域的油膜压力少了反作用力,即 F_2 减小为 ΔF_2,因此出现了 $\overline{S}_{xx}$ 和 $\overline{S}_{zz}$ 突然增大的情况。节流系数较大时(见图 3-7(d)),由于供油孔处压力较大,油膜能保持完整性,因此刚度不会发生跳变。

由图 3-6 可以看出,单向阻尼均随着载荷的增大而增大,并且节流系数越小,阻尼的数值越大。从 $C_{s2}=0.02$ 时油膜的交叉阻尼变化趋势来看,油膜空穴对交叉阻尼的影响明显大于对单向阻尼的影响。

图 3-9 所示是主轴的轴心平衡位置随外载荷的变化情况。图 3-9(a)所示为轴心位置的极坐标图,可以反映轴心在轴承内部的相对位置,图 3-9(b)所示为轴心坐标位置的放大图。可以看出,当节流系数 $C_{s2}=0.02$ 时,由于空穴的产生,轴心平衡位置随着载荷的增大而迅速下降。在其他节流系数情况下,轴心平衡位置的变化则

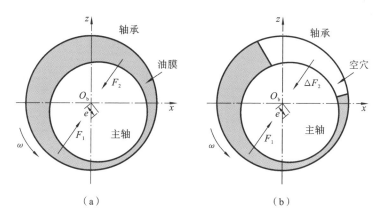

图 3-8　油膜空穴区域示意图

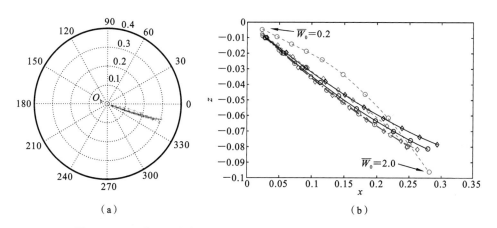

图 3-9　不同节流系数条件下主轴轴心平衡位置随外载荷的变化趋势

$- \odot - C_{s2}=0.02$　$- \diamond - C_{s2}=0.04$　$- \circ - C_{s2}=0.06$

$- \diamond - C_{s2}=0.08$　$- \odot - C_{s2}=0.10$　$- \diamond - C_{s2}=0.12$

结构及工况条件:$a/L=0.25$,$\Omega=1$,供油孔数量 $n=24$,对称式

相对平缓,节流系数越大,轴心下降的幅度越小,这也可以间接说明油膜在竖直方向上的承载力变强。

图 3-10 所示是轴承的供油流量和负载转矩随载荷的变化趋势。可以看出供油流量随载荷变化的幅度很小,随着节流系数的增大而增大。负载转矩则随着载荷的增大而增大,但不同节流系数之间则区别不大。

综合各方面因素来看,节流系数不宜设计得过小,在保证节流器能起到调压作用的前提下适当增大节流系数能提高轴承进油压力,进而增大轴承的支承刚度,同时也能降低油膜空穴带来的风险,有利于支承性能保持稳定。

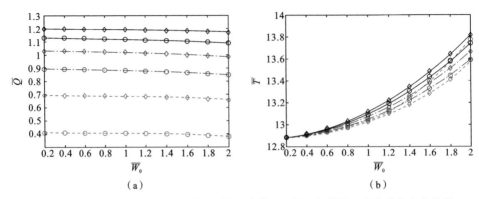

图 3-10 不同节流系数条件下动静压轴承的供油流量和负载转矩随载荷的变化趋势

- ◇ - $C_{s2}=0.02$ - ◇ - $C_{s2}=0.04$ - ○ - $C_{s2}=0.06$
- ◇ $C_{s2}=0.08$ ○ $C_{s2}=0.10$ ◆ $C_{s2}=0.12$

结构及工况条件：$a/L=0.25$，$\Omega=1$ 供油孔数量 $n=24$，对称式

3.4.2 速度系数对油膜承载能力的影响

图 3-11 所示是载荷 $\overline{W}_0=2$ 时，不同速度系数下动静压轴承的油膜压力分布。

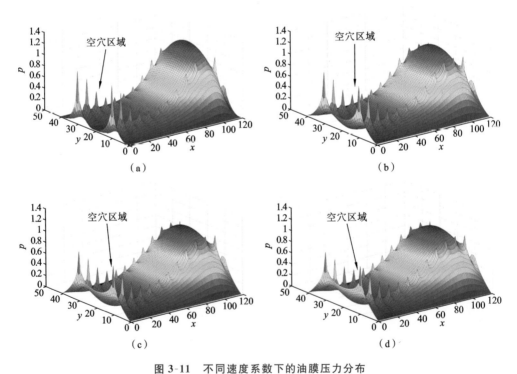

图 3-11 不同速度系数下的油膜压力分布

(a) $\Omega=0.4$ (b) $\Omega=0.6$ (c) $\Omega=0.8$ (d) $\Omega=0.10$ (e) $\Omega=1.2$ (f) $\Omega=1.4$

外载荷 $\overline{W}_0=2$，节流系数 $C_{s2}=0.08$，$a/L=0.25$

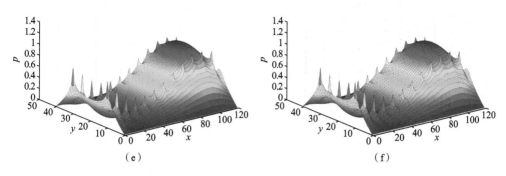

（e）　　　　　　　　　　　　　　（f）

续图 3-11

可以看出,在速度系数较小时,油膜在较大的压力下存在一部分空穴区域。随着速度系数的增大,油膜空穴区域逐渐向右转移,直至完全消失。

图 3-12 和图 3-13 所示分别是不同速度系数下油膜刚度和阻尼随载荷的变化趋势。结合图 3-11 所示的油膜压力分布可以看出,低速重载条件下,油膜空穴的产生

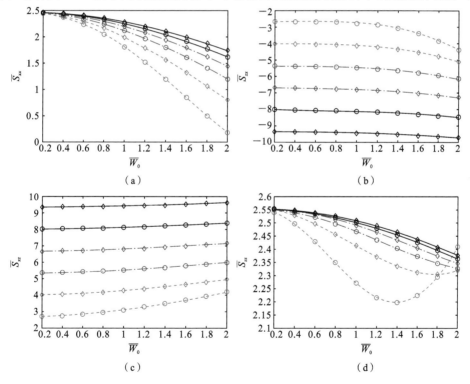

（a）　　　　　　　　　　　　　　（b）

（c）　　　　　　　　　　　　　　（d）

图 3-12　不同速度系数下油膜刚度随载荷的变化趋势

- $\cdot\circ\cdot\ \Omega=0.4$　$-\diamond-\ \Omega=0.6$　$-\circ-\ \Omega=0.8$
- $\diamond\ \Omega=1.0$　$-\circ-\ \Omega=1.2$　$-\diamond-\ \Omega=1.4$

结构及工况条件:$a/L=0.25$,$C_{s2}=0.08$,供油孔数量 $n=24$,对称式

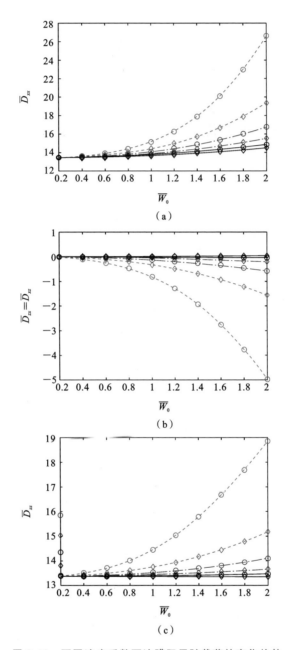

（a）

（b）

（c）

图 3-13 不同速度系数下油膜阻尼随载荷的变化趋势

- $\circ$ - $\Omega=0.4$ $-\circ$ - $\Omega=0.8$ $\multimap$ $\Omega=1.2$

- $\diamond$ - $\Omega=0.6$ $-\diamond$ - $\Omega=1.0$ $\multimap$ $\Omega=1.4$

结构及工况条件：$a/L=0.25$，$C_{s2}=0.08$，供油孔数量 $n=24$，对称式

使得单向刚度 $\overline{S}_{zz}$ 的变化趋势发生了突变。由于空穴产生的区域主要偏向 z 轴正方向,因此对 $\overline{S}_{xx}$ 的影响较小。在不考虑油膜空穴的影响下,单向刚度均随着载荷的增大而减小,而交叉刚度 $\overline{S}_{zx}$ 和 $\overline{S}_{xz}$ 则随着载荷的增大变化较为平缓。总体来说,速度系数越大,四个方向刚度的绝对值也越大,即提高转速有利于提高动静压轴承的整体刚度。

从图 3-13 中可以看出,$\Omega=0.4$ 和 $\Omega=0.6$ 时,在较大的载荷下,阻尼值发生突变。原因同样是空穴的产生导致油膜的阻尼的绝对值明显增大。在无空穴产生的情况下,油膜阻尼随载荷的变化比较平缓,总体来说,速度越大,阻尼越小。

图 3-14 所示是不同速度系数条件下主轴轴心平衡位置随外载荷的变化趋势。可以看出轴心平衡位置的变化具有明显的规律性。速度越大,主轴的轴心平衡位置变化幅度越小,这也验证了提高转速有利于提高动静压轴承的整体刚度的结论。

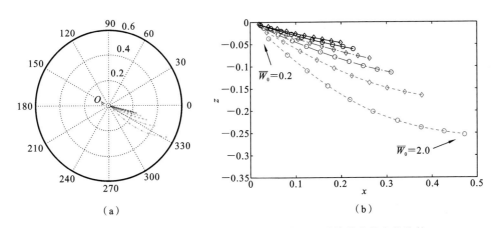

图 3-14　不同速度系数条件下主轴轴心平衡位置随外载荷的变化趋势

-○- $\Omega=0.4$　-△- $\Omega=0.6$　-○- $\Omega=0.8$
-◇- $\Omega=1.0$　-○- $\Omega=1.2$　-◇- $\Omega=1.4$

结构及工况条件:$a/L=0.25$,$C_{s2}=0.08$,供油孔数量 $n=24$,对称式

图 3-15 所示是不同速度系数条件下动静压轴承的供油流量和负载转矩随载荷变化的趋势。从图中可以看出,供油流量和负载转矩随载荷变化的幅度均不大。随着转速的提高,流量有少许增大。负载转矩随速度的增大则有明显的增大,这也和负载转矩的表达式式(3-10)相符合。

综合来看,增大速度系数,一方面可以提高油膜的支承刚度,另一方面可以降低油膜的阻尼。因此,在承受稳定载荷、需要轴承具有较大刚度的场合,可以尽量选用较大的速度系数,而在载荷波动明显、需要降低振动的场合,可以适当减小速度系数。

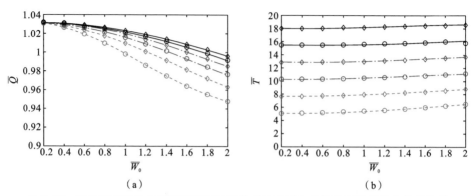

（a）　　　　　　　　　　　　（b）

图 3-15　不同速度系数条件下动静压轴承的供油流量和负载转矩随载荷变化的趋势

-○- $\Omega=0.4$　-○- $\Omega=0.8$　-○- $\Omega=1.2$

-◇- $\Omega=0.6$　-◆- $\Omega=1.0$　-◆- $\Omega=1.4$

结构及工况条件：$a/L=0.25$，$C_{s2}=0.08$，供油孔数量 $n=24$，对称式

3.4.3　供油孔位置对油膜承载能力的影响

图 3-16 所示是不同孔边距对应的油膜压力分布。可以看出，随着供油孔向中间移动，供油孔之间的油膜压力逐渐增大，相应的最大油膜压力也逐渐增大。

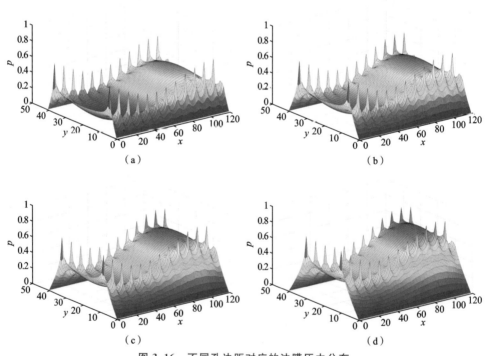

（a）　　　　　　　　　　　　（b）

（c）　　　　　　　　　　　　（d）

图 3-16　不同孔边距对应的油膜压力分布

（a）$a/L=0.1$　（b）$a/L=0.15$　（c）$a/L=0.2$　（d）$a/L=0.25$　（e）$a/L=0.3$　（f）$a/L=0.35$

$\overline{W}_0=1$，$C_{s2}=0.08$，$\Omega=1$

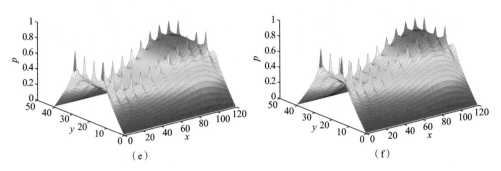

（e）　　　　　　　　　　　　　　（f）

续图 3-16

　　图 3-17 和图 3-18 所示分别是不同孔边距条件下的油膜刚度和阻尼随载荷的变化趋势。从 $\overline{S}_{zz}$ 的变化趋势可以看出，当孔边距较小（$a/L=0.1$、0.15）时，在较大载荷下，油膜依然会出现空穴。总体来说，当孔边距 $a/L=0.2$ 和 0.25 时，油膜的单向刚度 $\overline{S}_{xx}$ 和 $\overline{S}_{zz}$ 较大，而当孔边距 $a/L=0.1$ 和 0.15 时油膜的交叉刚度较大。结合油

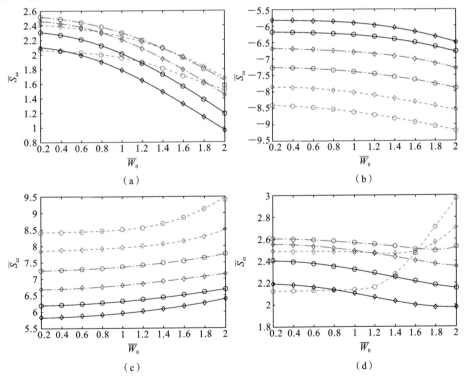

（a）　　　　　　　　　　　　　　（b）

（c）　　　　　　　　　　　　　　（d）

图 3-17　不同孔边距条件下油膜刚度随载荷的变化趋势

－◦－$a/L=0.1$　　－◦－$a/L=0.15$　　－◦－$a/L=0.2$

－◦－$a/L=0.25$　　－◦－$a/L=0.3$　　－◦－$a/L=0.35$

结构及工况条件：$C_{s2}=0.08$，$\Omega=1$，供油孔数量 $n=24$，对称式

膜空穴的产生来看,孔边距取 $a/L=0.2$ 和 0.25 是比较理想的。

图 3-18 显示,孔边距对阻尼的影响趋势比较一致。工况条件一致的情况下,孔边距越小,油膜四个方向的阻尼绝对值越大。

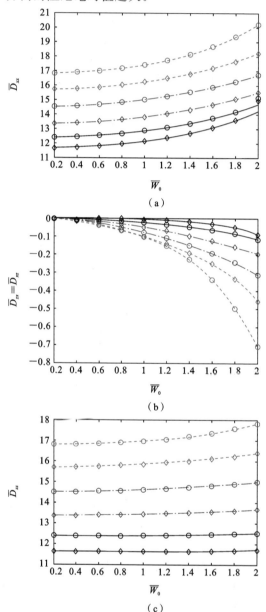

（a）

（b）

（c）

图 3-18   不同孔边距条件下油膜阻尼随载荷的变化趋势

- -○- $a/L=0.1$ - -◇- $a/L=0.15$ -⊖- $a/L=0.2$
- -◇- $a/L=0.25$ -○- $a/L=0.3$ -◆- $a/L=0.35$

结构及工况条件: $C_{s2}=0.08$, $\Omega=1$, 供油孔数量 $n=24$, 对称式

图 3-19 所示是不同孔边距条件下轴心平衡位置随载荷的变化趋势。可以看出当孔边距取较大值（$a/L=0.3$、0.35）时轴心的偏移幅度较大，说明孔边距较大时，动静压轴承的承载能力降低。从图 3-16 所示的油膜压力分布也可以看出，当孔边距较大时，虽然两排供油孔之间的油膜压力整体得到提升，但是高压区域的面积却在减小，二者综合作用使得轴承的承载力降低。

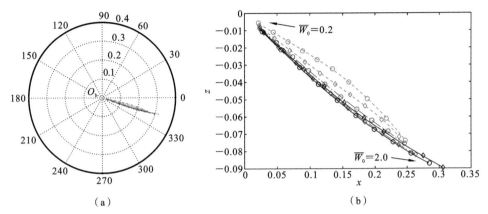

| （a） | （b） |

图 3-19　不同孔边距条件下轴心平衡位置随载荷的变化趋势

$- \odot - a/L=0.1$　$-\diamond- a/L=0.15$　$-\odot- a/L=0.2$

$-\diamond- a/L=0.25$　$\hspace{0.3em}-\hspace{-0.3em}○\hspace{-0.3em}- a/L=0.3$　$-\diamond- a/L=0.35$

结构及工况条件：$C_{s2}=0.08$，$\Omega=1$，供油孔数量 $n=24$，对称式

图 3-20 所示是不同孔边距条件下的供油流量和负载转矩随载荷的变化趋势。可以看到，孔边距越小，供油流量反而越大。负载转矩随载荷的变化则不明显。总体来说孔边距越大，负载转矩也越大。

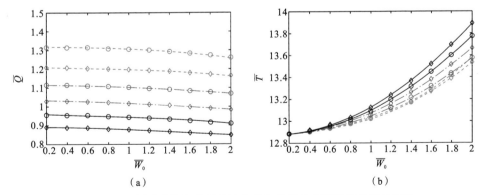

| （a） | （b） |

图 3-20　不同孔边距条件下供油流量和负载转矩随载荷的变化趋势

$- \odot - a/L=0.1$　$-\diamond- a/L=0.15$　$-\odot- a/L=0.2$

$-\diamond- a/L=0.25$　$\hspace{0.3em}-\hspace{-0.3em}○\hspace{-0.3em}- a/L=0.3$　$-\diamond- a/L=0.35$

结构及工况条件：$C_{s2}=0.08$，$\Omega=1$，供油孔数量 $n=24$，对称式

综合各方面因素，孔边距取 $a/L=0.25$ 能使各方面的性能比较均衡。

3.4.4　供油孔数量对油膜承载能力的影响

图 3-21 所示是不同供油孔数量对应的油膜压力分布。可以看出,随着供油孔数量的增多,油膜压力在周向上的连续性变得更好,并且整体的压力值也进一步提高。

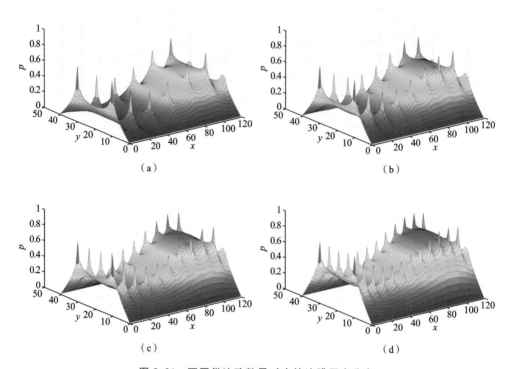

图 3-21　不同供油孔数量对应的油膜压力分布

（a）$n=12$　（b）$n=16$　（c）$n=20$　（d）$n=24$

$\overline{W}_0=1,C_{s2}=0.08,\Omega=1,a/L=0.25$

图 3-22 和图 3-23 所示分别是油膜刚度和阻尼随供油孔数量的变化趋势。从图 3-22 可以看出,随着供油孔数量的增加,单向油膜刚度均得到了提升。其中,在载荷较大($\overline{W}_0>1.2$)的情况下,$\overline{S}_{zz}$ 出现陡增同样是由油膜空穴导致的。图 3-23 则显示了油膜的阻尼随着供油孔数量的增加而减小。

图 3-24 所示是不同供油孔数量条件下主轴的轴心平衡位置随着载荷的变化情况。可以看出,供油孔数量增多,轴心平衡位置下降的幅度略有增大。其中,$n=12$ 时,由于空穴的产生,在较大载荷下轴心平衡位置向下运动的趋势有所增大。

图 3-25 所示是不同供油孔数量条件下动静压轴承的供油流量和负载转矩随着载荷的变化情况。总体来说,供油流量随载荷的变化不大,负载增加,流量略有降低。供油孔数量增加,总的供油流量反而降低。负载转矩则随着载荷的增加而增加,不同数量的供油孔之间差距不大。

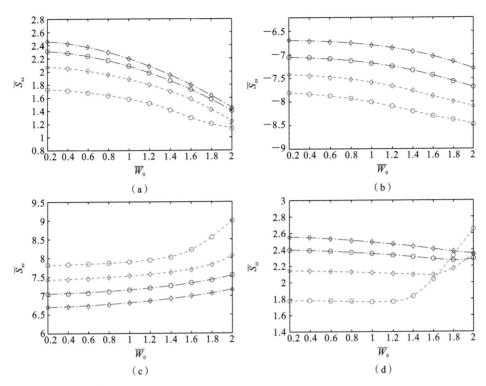

（a）　　　　　　　　　　　　　　（b）

（c）　　　　　　　　　　　　　　（d）

图 3-22　不同供油孔数量条件下油膜刚度随载荷的变化趋势

- ○- $n=12$　- ◇- $n=16$　- ⊖- $n=20$　- ◈- $n=24$

结构及工况条件：$a/L=0.25$，$\Omega=1$，$C_{s2}=0.08$，对称式

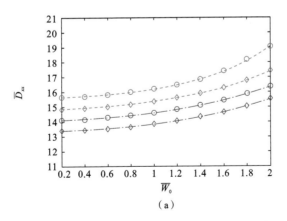

（a）

图 3-23　不同供油孔数量条件下油膜阻尼随载荷的变化趋势

- ○- $n=12$　-⊖- $n=20$

- ◇- $n=16$　- ◈- $n=24$

结构及工况条件：$a/L=0.25$，$\Omega=1$，$C_{s2}=0.08$，对称式

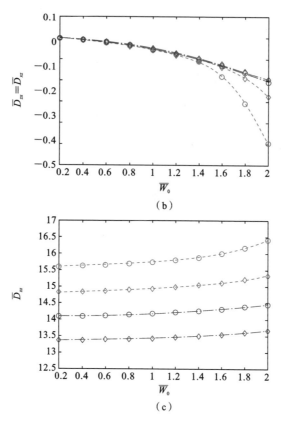

（b）

（c）

续图 3-23

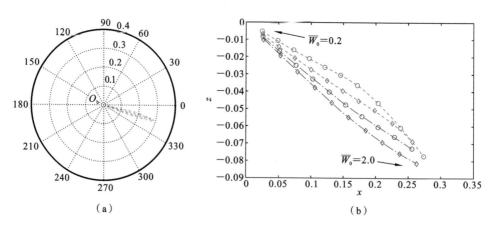

（a）

（b）

图 3-24　不同供油孔数量条件下轴心平衡位置随载荷的变化趋势

- - ○- - $n=12$　- ◇- - $n=16$　- ○- - $n=20$　- - ◇- - $n=24$

结构及工况条件：$a/L=0.25$，$\Omega=1$，$C_{s2}=0.08$，对称式

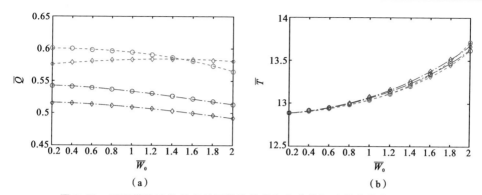

图 3-25　不同供油孔数量条件下供油流量和负载转矩随载荷的变化趋势

$\circ$- $n=12$　$\diamond$- $n=16$　$\circleddash$- $n=20$　$\diamondsuit$- $n=24$

结构及工况条件:$a/L=0.25,\Omega=1,C_{s2}=0.08,$对称式

综合来看,在结构尺寸和设计成本允许的条件下,尽量设计较多的供油孔,能明显增大油膜的支承刚度。

3.4.5　非对称结构对油膜承载能力的影响

图 3-26 所示是非对称结构的动静压轴承在不同载荷下的油膜压力分布。采用

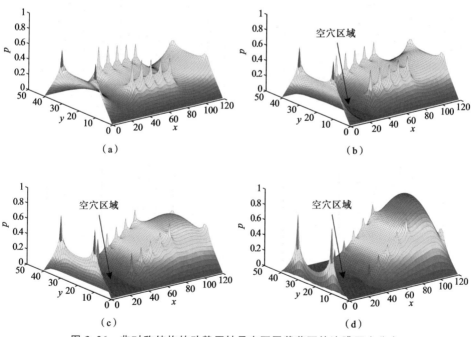

图 3-26　非对称结构的动静压轴承在不同载荷下的油膜压力分布

(a) $\overline{W}_0=0.2$　(b) $\overline{W}_0=0.8$　(c) $\overline{W}_0=1.4$　(d) $\overline{W}_0=2.0$

$C_{s2}=0.08,\Omega=1,a/L=0.25$

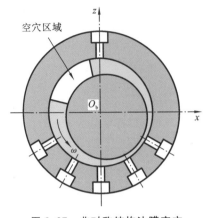

图 3-27　非对称结构油膜空穴
区域示意图

非对称结构的主要目的是提高轴承竖直方向的承载力,因此主要在轴承的底部布置供油孔,顶部只保留一个供油孔提供润滑油。从压力分布图来看,在较大载荷下,油膜仍然很容易出现空穴,且随着载荷的增加,空穴现象更加严重。图 3-27 所示的空穴现象主要集中在第二象限的油膜扩散区。在较大载荷下偏心率增大后,顶部的供油孔会出现供油不足的问题。

图 3-28 所示是对称结构和非对称结构的油膜刚度对比曲线。可以看出,在相同的工况参数条件下,对称结构的油膜刚度大于非对称结构的油膜刚度,当载荷较人时,非对称结构油膜出现空穴,会导致单向刚度 $\overline{S}_{xx}$、$\overline{S}_{zz}$ 及交叉刚度 $\overline{S}_{xz}$ 出现明显增大的趋势。由图 3-29 可见,非对称结构的阻尼要明显高于对称结构的阻尼,油膜空穴的产生会导致交叉方向的阻尼($\overline{D}_{xz}$、$\overline{D}_{zx}$)产生明显的下

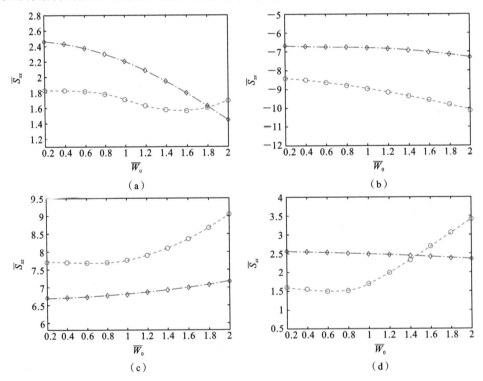

图 3-28　对称结构和非对称结构动静压轴承油膜刚度随载荷的变化趋势
-○- 非对称式,$n=12$　-◇- 对称式,$n=24$
结构及工况条件:$a/L=0.25$,$\Omega=1$,$C_{s2}=0.08$

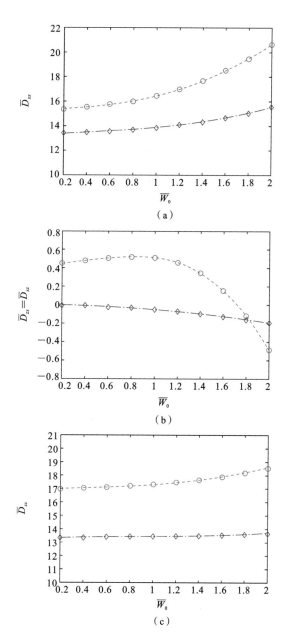

图 3-29　对称结构和非对称结构动静压轴承油膜阻尼随载荷的变化趋势

- ○ - 非对称式,$n=12$　- ◇ - 对称式,$n=24$

结构及工况条件:$a/L=0.25,\Omega=1,C_{s2}=0.08$

降趋势。

图 3-30 所示是对称结构和非对称结构的动静压轴承轴心平衡位置随载荷的变化趋势。非对称结构由于下部供油孔数量较多,在载荷较小时,轴心的位置在 x 轴上方,随着载荷增大,轴心位置逐渐下降。在载荷较小时,非对称结构的偏心率要明显大于对称结构的。随着载荷的增加,两者的偏心率逐渐接近。

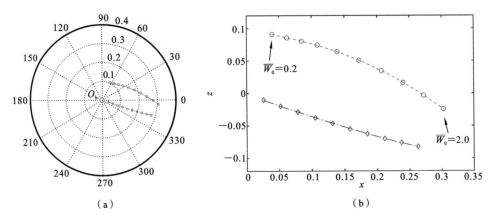

（a）　　　　　　　　　（b）

图 3-30　对称结构和非对称结构动静压轴承轴心平衡位置随载荷的变化趋势

- ○ -非对称式,$n=12$　- ◇ -对称式,$n=24$

结构及工况条件:$a/L=0.25,\Omega=1,C_{s2}=0.08$

图 3-31 所示是对称结构和非对称结构的动静压轴承的供油流量和负载转矩随载荷的变化趋势。由于对称结构的供油孔数量比非对称结构的多一倍,其供油流量也基本是非对称结构的两倍。但是非对称结构和对称结构的负载转矩则相差不大,随载荷的增大略有增大。

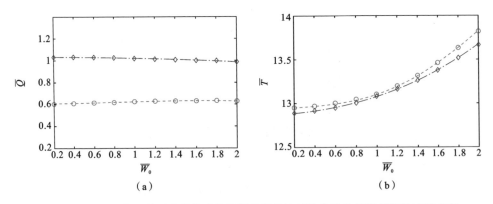

（a）　　　　　　　　　（b）

图 3-31　对称结构和非对称结构动静压轴承供油流量和负载转矩随载荷的变化趋势

- ○ -非对称式,$n=12$　- ◇ -对称式,$n=24$

结构及工况条件:$a/L=0.25,\Omega=1,C_{s2}=0.08$

从支承性能的变化趋势上看,对称结构的动静压轴承的性能随工况条件的变化更加缓和。而非对称结构的支承性能随着载荷的增大变化比较剧烈,在重载条件下由于上半部分出现空穴,单向刚度和阻尼均明显上升,即单向支承性能得到明显的提升。因此对承载能力要求不高而对稳定性要求较高的场合,可以选用对称的供油结构,对单向承载性能要求较高的场合则适合采用非对称的供油结构。

第4章　孔入式液体静压径向轴承非线性稳定边界有限元计算方法及分析

第3章以孔入式液体静压径向轴承为例研究了轴承系统的结构和工况参数对支承性能的影响。结构和工况参数的设计是液体静压轴承设计的第一步,决定了轴承支承性能的基础。当主轴运转起来以后,特别是当主轴的转速较高,逼近临界转速时,轴承系统便会产生与稳定性相关的问题。主轴运转过程中的稳定性也是孔入式液体静压径向轴承设计和运行操作过程中必须要考虑的重要特性。早在20世纪20年代,学者们便发现使用油膜轴承的转子的转速超越某一临界值时,转子会产生剧烈的振动,想要再提高转子的转速变得极为困难。Newkirk在文献中对这种振动现象进行了描述并指出油膜的自激振荡导致了转子的破坏。此后,学者们对轴承转子系统的稳定性逐渐展开了更加深入的研究。大多数关于轴承稳定性的研究都将重点放在转子的临界转速上,并且是基于线性运动方程进行分析。但是,实际工程应用中,轴承转子系统所承受的工况非常复杂,非线性的扰动很多,轴心的运动很难保持在稳定点上。当主轴在临界转速下稳定运行时,可能会受到冲击载荷(如机床开始进行切削加工时,切削力由刀具传递至主轴)的影响,轴心的位置会发生小幅跳跃,而此时主轴的转速并没有发生改变(对于孔入式液体静压径向轴承还包括供油压力不变),主轴在新的位置上以受扰动前的转速继续运动。在线性稳定性理论下,主轴发生跳跃后,只要转速低于临界转速,其运动状态就将始终保持稳定。而实际工作中油膜的刚度和阻尼是非线性的,因此,主轴的运动状态需要基于非线性动力学方程进行严格分析才能最终确定。主轴发生跳跃后可能出现三种情况:① 主轴逐渐回到之前的稳定点;② 主轴的运动逐渐发散,直至主轴与轴承内表面接触,导致系统失稳;③ 主轴以新的轴心轨迹运动并处于临界状态。

本章仍以孔入式液体静压径向轴承为例,从轴承系统的非线性动力学方程出发,通过分析孔入式液体静压径向轴承的非线性轴心轨迹来判断轴承的稳定状态,并对比线性稳定性和非线性稳定性的差异。在此基础上进一步研究轴心位置的非线性稳定性边界,以及孔入式液体静压径向轴承的工况参数对主轴稳定性的影响规律。

4.1　油膜失稳机理及线性临界转速的计算

油膜失稳的主要原因在于油膜的自激振荡,而产生自激振荡的原因又在于轴承的动态油膜力。图 4-1 所示是轴承动态油膜力的示意图。

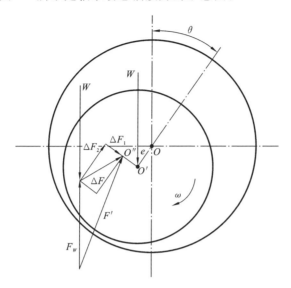

图 4-1　轴承动态油膜力示意图

当主轴以转速 ω 稳定运行时,主轴的轴心位于 O' 点,对应的偏心率为 e,偏位角为 θ。当主轴的转速很高,而载荷很小时,O' 点将接近轴承中心 O。主轴稳态运行时,油膜合力 F 将与外载荷 W 平衡。主轴受到扰动时,假设轴心跳动到点 O'',在新的轴心位置上油膜合力为 F'。将 F' 分解,其中 F_W 和外载荷 W 平衡,将另一部分 ΔF 再分解为 ΔF_1 和 ΔF_2,其中 ΔF_1 指向 O' 点,促使主轴回到原先的稳态平衡位置,ΔF_2 则垂直于 $O'O''$,驱动主轴围绕 O' 点涡动。因此,主轴轴心发生跳变后,主轴除了以 ω 自转外,还将绕 O' 点做与 ω 相同方向的涡动,也就是说,在主轴的轴心从稳态位置发生微小跳变后,存在着由于动态油膜力而形成自己振动的可能。

分析了主轴涡动产生的原因之后,还需要确定主轴涡动的频率。图 4-2 所示是涡动频率求解的示意图。设主轴的涡动频率为 ω_J,由于偏心很小,可近似认为主轴中心绕轴心 O' 旋转,其运动速度为 $v = e \cdot \omega_J$。取 AB 连线左边一半的油膜间隙 S 为控制体,根据无滑移边界条件,单位时间内经 AC 截面流出控制体的流量为 $\dfrac{R_J \omega}{2}(h_0 + e)$,经 BD 截面流出控制体的流量为 $\dfrac{R_J \omega}{2}(h_0 - e)$。主轴具有垂直于 CD 的运动速度 $e \cdot \omega_J$,会对控制体造成挤压效应,导致体积的缩小量为 $2R_J e \omega_J$。根据流量连续性可得

$$\frac{R_J \omega}{2}(h_0 + e) = \frac{R_J \omega}{2}(h_0 - e) + 2R_J e \omega_J \tag{4-1}$$

可求出

$$\omega_J = \frac{\omega}{2}$$

即主轴的涡动频率是主轴自转频率的一半,也称为半频涡动。当转子的转速升高时,

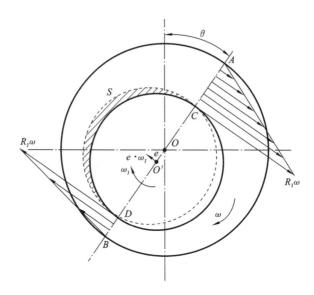

图 4-2　主轴涡动频率分析示意图

偏心距 e 变得很小，AC 和 BD 端的剪切流动即可满足流量连续的条件，会导致动态油膜力丧失，使得系统的自激振动得不到有效抑制，系统失稳。

对于实际的有限宽轴承，由于存在着端泄和压力流动，通常 $\omega_J < \dfrac{\omega}{2}$。

主轴运转的临界转速可以从系统的动力学方程求得。Tieu 和 Qiu 在文献中指出，基于非线性动力学关系求解出的主轴临界转速和基于线性动力学关系求解出的临界转速相同。主轴的动力学平衡方程为

$$\begin{cases} \overline{M}_J \cdot \ddot{\overline{x}} = \sum \overline{F}_x = \overline{F}_x + \overline{W}_x \\ \overline{M}_J \cdot \ddot{\overline{z}} = \sum \overline{F}_z = \overline{F}_z + \overline{W}_z \end{cases} \tag{4-2}$$

式中：$\overline{M}_J$——无量纲质量，$\overline{M}_J = m h_0 \omega^2$。

主轴所受的油膜力是 $\overline{x}、\overline{z}、\dot{\overline{x}}、\dot{\overline{z}}$ 及工况参数 Ω 的函数，外载荷为常数，因此动力学方程可写为

$$\begin{cases} \ddot{\overline{x}} = \dfrac{1}{\overline{M}_J} \sum \overline{F}_x(\overline{x},\overline{z},\dot{\overline{x}},\dot{\overline{z}},\Omega) \\ \ddot{\overline{z}} = \dfrac{1}{\overline{M}_J} \sum \overline{F}_z(\overline{x},\overline{z},\dot{\overline{x}},\dot{\overline{z}},\Omega) \end{cases} \tag{4-3}$$

设主轴的状态参数为

$$\overline{x} = \begin{bmatrix} \overline{x} \\ \overline{z} \\ \dot{\overline{x}} \\ \dot{\overline{z}} \end{bmatrix} \tag{4-4}$$

则主轴的状态方程可表示为

$$\overline{\dot{x}} = f(x, \overline{M}_{\mathrm{J}}, S_{\mathrm{m}}) = \begin{bmatrix} \overline{\dot{x}} \\ \overline{\dot{z}} \\ \sum \overline{F}_x / \overline{M}_{\mathrm{J}} \\ \sum \overline{F}_z / \overline{M}_{\mathrm{J}} \end{bmatrix} \tag{4-5}$$

主轴的稳定临界转速可以通过分析 $f(x, M_{\mathrm{J}}, S_{\mathrm{m}})$ 的雅可比矩阵求得

$$\boldsymbol{J}(M_{\mathrm{J}}) = (\nabla_x f)_{x=x_s} = \frac{1}{\overline{M}_{\mathrm{J}}} \begin{bmatrix} 0 & 0 & \overline{M}_{\mathrm{J}} & 0 \\ 0 & 0 & 0 & \overline{M}_{\mathrm{J}} \\ \dfrac{\partial\left(\sum \overline{F}_x\right)}{\partial \overline{x}} & \dfrac{\partial\left(\sum \overline{F}_x\right)}{\partial \overline{z}} & \dfrac{\partial\left(\sum \overline{F}_x\right)}{\partial \overline{\dot{x}}} & \dfrac{\partial\left(\sum \overline{F}_x\right)}{\partial \overline{\dot{z}}} \\ \dfrac{\partial\left(\sum \overline{F}_z\right)}{\partial \overline{x}} & \dfrac{\partial\left(\sum \overline{F}_z\right)}{\partial \overline{z}} & \dfrac{\partial\left(\sum \overline{F}_z\right)}{\partial \overline{\dot{x}}} & \dfrac{\partial\left(\sum \overline{F}_z\right)}{\partial \overline{\dot{z}}} \end{bmatrix}$$

$$\tag{4-6}$$

其中，$x=x_s$ 为主轴处于稳态下的轴心位置和速度。由于外载荷为常数，故

$$\frac{\partial\left(\sum \overline{F}_x\right)}{\partial \overline{x}} = \frac{\partial(\overline{F}_x)}{\partial \overline{x}} = -\overline{S}_{xx} \tag{4-7}$$

同理，式(4-6)中的其他微分项也可以转化为刚度和阻尼的形式：

$$\boldsymbol{J}(M_{\mathrm{J}}) = (\nabla_x f)_{x=x_s} = \frac{1}{\overline{M}_{\mathrm{J}}} \begin{bmatrix} 0 & 0 & \overline{M}_{\mathrm{J}} & 0 \\ 0 & 0 & 0 & \overline{M}_{\mathrm{J}} \\ -\overline{S}_{xx} & -\overline{S}_{xz} & -\overline{D}_{xx} & -\overline{D}_{xz} \\ -\overline{S}_{zx} & -\overline{S}_{zz} & -\overline{D}_{zx} & -\overline{D}_{zz} \end{bmatrix} \tag{4-8}$$

假设雅可比矩阵 $\boldsymbol{J}(M_{\mathrm{J}})$ 的特征值为 λ，则 $\boldsymbol{J}(M_{\mathrm{J}})$ 对应的特征方程为

$$\overline{M}_{\mathrm{J}}^2 \lambda^4 + \overline{M}_{\mathrm{J}}(\overline{D}_{xx} + \overline{D}_{zz})\lambda^3 + \left[\overline{M}_{\mathrm{J}}(\overline{S}_{xx} + \overline{S}_{zz}) + \overline{D}_{xx}\overline{D}_{zz} - \overline{D}_{xz}\overline{D}_{zx}\right]\lambda^2$$
$$+ (\overline{D}_{xx}\overline{S}_{zz} + \overline{D}_{zz}\overline{S}_{xx} - \overline{D}_{xz}\overline{S}_{zx} - \overline{D}_{zx}\overline{S}_{xz})\lambda + (\overline{S}_{xx}\overline{S}_{zz} - \overline{S}_{xz}\overline{S}_{zx}) = 0 \tag{4-9}$$

通过劳斯-赫尔维茨(Routh-Hurwitz)判据可以得到系统处于临界稳定状态时对应的无量纲质量：

$$\overline{M}_{\mathrm{J}}^{\mathrm{c}} = \frac{\overline{G}_1}{\overline{G}_2 - \overline{G}_3} \tag{4-10}$$

其中，

$$\overline{G}_1 = \overline{D}_{xx}\overline{D}_{zz} - \overline{D}_{zx}\overline{D}_{xz} \tag{4-11a}$$

$$\overline{G}_2 = \frac{(\overline{S}_{xx}\overline{S}_{zz} - \overline{S}_{xz}\overline{S}_{zx})(\overline{D}_{xx} + \overline{D}_{zz})}{\overline{S}_{xx}\overline{D}_{zz} + \overline{S}_{zz}\overline{D}_{xx} - \overline{S}_{xz}\overline{D}_{zx} - \overline{S}_{zx}\overline{D}_{xz}} \tag{4-11b}$$

$$\overline{G}_3 = \frac{\overline{S}_{xx}\overline{D}_{xx} + \overline{S}_{xz}\overline{D}_{zx} + \overline{S}_{zx}\overline{D}_{xz} + \overline{S}_{zz}\overline{D}_{zz}}{\overline{D}_{xx} + \overline{D}_{zz}} \tag{4-11c}$$

相应的线性临界转速可以通过以下关系得到：

$$\overline{\omega}_{\mathrm{th}} = (\overline{M}_{\mathrm{J}}^{\mathrm{c}} / \overline{W}_0)^{1/2} \tag{4-12}$$

式中：$\overline{W}_0$——无量纲外载荷。有量纲形式的临界转速为

$$\omega_{th}=\overline{\omega}_{th}(g/h_0)^{1/2} \tag{4-13}$$

式中：g——重力加速度。

因此，在求得了系统稳态条件下的刚度和阻尼之后，即可根据式（4-10）至式（4-13）求得系统的线性稳定临界转速。利用 Matlab 对该孔入式液体静压径向轴承油膜进行有限元计算编程，可验证利用本章所编制的程序求解临界转速的正确性，应用 Kushare 在文献［12］中的参数计算无磨损情况下的恒流量供油方式的孔入式液体静压径向轴承临界转速，与文献中的结果进行对比，如图 4-3 所示。

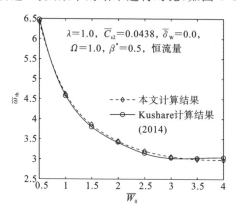

图 4-3　临界转速程序验证对比结果

结果显示本章程序的计算结果与文献中的结果一致性较好，验证了本章所编制程序的正确性。

4.2　液体悬浮轴承轴心轨迹的计算方法

4.1 节给出了孔入式液体静压径向轴承系统线性临界转速的求解方法。在线性理论下，当主轴转速满足 $\overline{\omega}<\overline{\omega}_{th}$ 时，主轴的轴心发生跳变后能够重新回到稳定位置。为了研究轴心回到稳定位置的过程，需要求解轴心的运动轨迹。基于线性和非线性动力学关系，可以推导出线性和非线性轴心轨迹。以往对轴承动力学特性的研究大多是基于线性动力学关系的。在线性假设条件下，油膜的刚度和阻尼保持不变，始终等于主轴稳定运动状态下的刚度和阻尼。油膜力则可根据主轴轴心的位置及运动速度用稳态刚度和阻尼来线性地表示。

主轴的线性动力学方程可表示为

$$\begin{bmatrix} \overline{M}_{J} & 0 \\ 0 & \overline{M}_{J} \end{bmatrix} \begin{Bmatrix} \ddot{\overline{x}}_{J} \\ \ddot{\overline{z}}_{J} \end{Bmatrix} = \overline{\boldsymbol{F}}_{oil}^{linear} + \overline{\boldsymbol{W}}_0 = -\begin{bmatrix} \overline{D}_{xx}^{s} & \overline{D}_{xz}^{s} \\ \overline{D}_{zx}^{s} & \overline{D}_{zz}^{s} \end{bmatrix} \begin{Bmatrix} \dot{\overline{x}}_{J} \\ \dot{\overline{z}}_{J} \end{Bmatrix} - \begin{bmatrix} \overline{S}_{xx}^{s} & \overline{S}_{xz}^{s} \\ \overline{S}_{zx}^{s} & \overline{S}_{zz}^{s} \end{bmatrix} \begin{Bmatrix} \overline{x}_{J}-\overline{x}_{J}^{s} \\ \overline{z}_{J}-\overline{z}_{J}^{s} \end{Bmatrix}$$

$$\tag{4-14}$$

式中:刚度和阻尼的上标 s 表示稳定状态。当主轴转速及工况确定后,八个稳态刚度和阻尼系数 $\overline{S}_{xx}^{s}$、$\overline{S}_{xz}^{s}$、$\overline{S}_{zx}^{s}$、$\overline{S}_{zz}^{s}$、$\overline{D}_{xx}^{s}$、$\overline{D}_{xz}^{s}$、$\overline{D}_{zx}^{s}$、$\overline{D}_{zz}^{s}$ 即为常数。

严格来说,油膜的刚度和阻尼是瞬态量。当主轴的轴心位置发生变化时,刚度和阻尼必然会发生变化。图 4-4 所示为静态条件下,油膜的承载力和偏心率的关系。取偏心率分别为 $\varepsilon=0.2$、0.4、0.6 所对应的轴心位置,曲线上这三个点对应的斜率 S_1、S_2、S_3 即为刚度的大小,由于承载力和偏心距的位移并不是线性关系,因此不同轴心位置所对应的油膜刚度并不相同。从图中可以看出,偏心率越大,所对应的油膜刚度与偏心率小的情况相差越大。因此在线性假设下,认为轴心运动过程中刚度和阻尼保持不变必然会带来一定的误差。

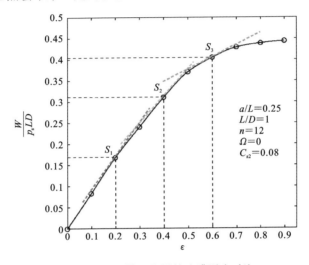

图 4-4 不同轴心位置的油膜刚度对比

在非线性条件下,油膜力的计算应该是以求解雷诺方程为基础,对不同轴心位置和轴心运动状态下的油膜压力分布进行积分。用方程可表示为

$$\begin{bmatrix} \overline{M}_J & 0 \\ 0 & \overline{M}_J \end{bmatrix} \begin{Bmatrix} \ddot{\overline{x}}_J \\ \ddot{\overline{z}}_J \end{Bmatrix} = \overline{F}_{oil}^{non\text{-}linear} + \overline{W}_0 = \begin{bmatrix} -\int_0^2\int_0^{2\pi}\overline{p}\,(x_J,z_J)\cos\theta\mathrm{d}\alpha\mathrm{d}\beta \\ -\int_0^2\int_0^{2\pi}\overline{p}\,(x_J,z_J)\sin\theta\mathrm{d}\alpha\mathrm{d}\beta \end{bmatrix} + \overline{W}_0 \quad (4\text{-}15)$$

得到了主轴的动力学方程后,即可根据轴心的初始位置和初始速度求得相应的线性和非线性轴心轨迹。假设轴心位置发生跳变后变为 $(\overline{x}_J^0,\overline{z}_J^0)$,一般认为轴心跳变后的运动速度仍为 0,即 $\dot{\overline{x}}_J^0=\dot{\overline{z}}_J^0=0$。此时,可根据方程(4-14)和方程(4-15)分别求出线性和非线性条件下的加速度 $(\ddot{\overline{x}}_J^0,\ddot{\overline{z}}_J^0)$,给定一个微小的时间 $\Delta\overline{t}$,经历这个时间段后轴心的位置和速度即可通过运动方程得到。在新的轴心位置上继续求出加速度,即可得到下一个时间段后的轴心位置和速度,以此类推,即可得到轴心的运动轨迹。轴心轨迹的求解方法用数学表达式可表示为

$$\begin{cases} \bar{x}_J^n = \bar{x}_J^{n-1} + \Delta\bar{t} \cdot \dot{\bar{x}}_J^{n-1} + \dfrac{\Delta\bar{t}^2}{2M_J}(\bar{F}_{x_J}^n + \overline{W}_x) \\[2mm] \bar{z}_J^n = \bar{z}_J^{n-1} + \Delta\bar{t} \cdot \dot{\bar{z}}_J^{n-1} + \dfrac{\Delta\bar{t}^2}{2M_J}(\bar{F}_{z_J}^n + \overline{W}_z) \\[2mm] \dot{\bar{x}}_J^n = \dot{\bar{x}}_J^{n-1} + \dfrac{\Delta\bar{t}}{M_J}(\bar{F}_{x_J}^n + \overline{W}_x) \\[2mm] \dot{\bar{z}}_J^n = \dot{\bar{z}}_J^{n-1} + \dfrac{\Delta\bar{t}}{M_J}(\bar{F}_{z_J}^n + \overline{W}_z) \end{cases} \qquad (4\text{-}16)$$

式中：n——时间步数；

$\bar{F}_{x_J}^n$ 和 $\bar{F}_{z_J}^n$——第 n 个时间步的油膜力。

4.3　液体悬浮轴承线性与非线性轴心轨迹对比

为了比较线性轴心轨迹和非线性轴心轨迹的区别，在相同的参数条件下分别计算轴心从平衡位置跳变到不同点的线性和非线性轨迹。计算的工况条件为：$C_{s2}=0.08$，$\Omega=1$，$W_x=0$，$W_z=1.6$。为保证计算速度，将油膜面划分为 13×36 的网格面，网格数量的大小对性能参数的计算结果有影响，但对定性分析线性和非线性轴心轨迹的区别没有影响。此时计算出的轴心平衡位置为 $(x_J,z_J)=(0.2050,-0.0870)$，无量纲临界质量为 $M_J^c=10.5925$，对应的无量纲临界转速为 $\bar{\omega}_{th}=2.573$。由方程（4-16）可知，计算过程中无量纲时间步长 $\Delta\bar{t}$ 对轴心轨迹的形状具有重要影响，理论上，时间步长越小，计算出的轴心轨迹越精确。但时间步长过小，会导致计算时间过长。选取合适的时间步长，在保证计算精度的同时也能保证运算速度，本节对不同时间步长的线性轴心轨迹进行了对比，结果如图 4-5 所示。

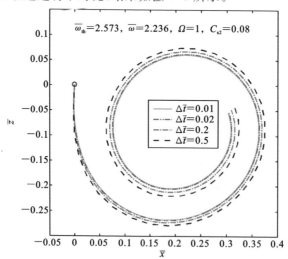

图 4-5　不同时间步长的线性轴心轨迹对比

从图中可以看出，$\overline{\Delta t}=0.02$ 与 $\overline{\Delta t}=0.01$ 对应的轴心轨迹基本重合，$\overline{\Delta t}=0.02$ 时轴心轨迹已经基本收敛，因此在本节后续计算中，无量纲时间步长的取值为 0.02。用 (x_s, y_s) 表示主轴的原始稳定点，(x_t, y_t) 表示当前时刻 t 的轴心位置。主轴运动稳定性的判别可以用数学形式表示为

$$\begin{cases} (x_t-x_s)^2+(y_t-y_s)^2 \leqslant 收敛误差 & 稳定 \\ x_t^2+y_t^2 \geqslant h_0^2 & 不稳定 \end{cases} \tag{4-17}$$

临界稳定状态则需要通过轴心轨迹的状态来进行判断。

取不同的主轴转速和主轴轴心位置，分别计算线性和非线性轴心轨迹，结果如图 4-6 至图 4-11 所示。轴心轨迹中的红色圆圈为稳态平衡位置，蓝色圆圈为轴心运动

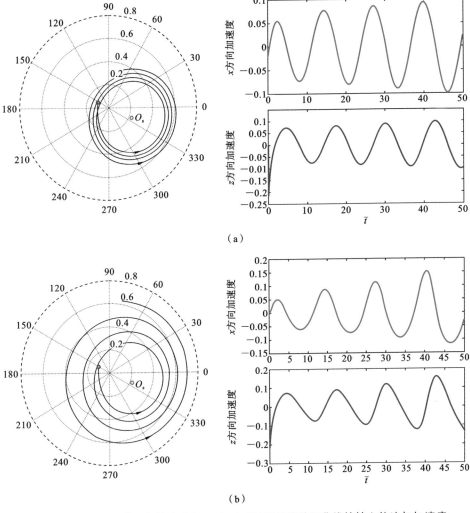

（a）

（b）

图 4-6　$\overline{\omega}_a=2.65>\overline{\omega}_{th}$，起始点为 $(-0.1, 0.05)$ 时的线性和非线性轴心轨迹与加速度

（a）线性轴心轨迹和加速度；（b）非线性轴心轨迹和加速度

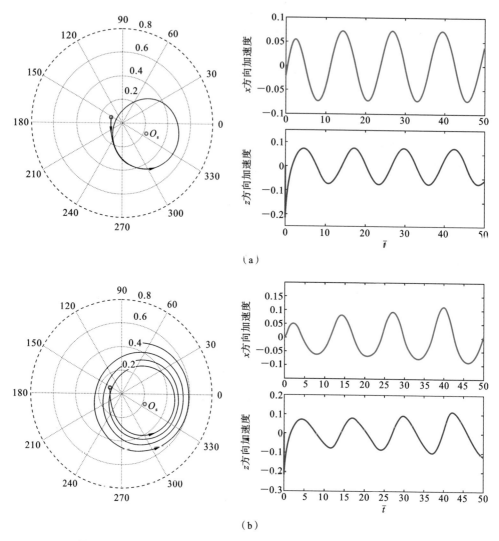

图 4-7 $\bar{\omega}_a = 2.573 = \bar{\omega}_{th}$，起始点为 $(-0.1, 0.05)$ 时的线性和非线性轴心轨迹与加速度

（a）线性轴心轨迹和加速度；（b）非线性轴心轨迹和加速度

的起点，即轴心由稳态位置发生跳动后的位置。箭头所示为轴心轨迹的运动方向。轴心轨迹右边分别为 x 方向的加速度和 z 方向的加速度，可以用来衡量两个方向油膜力的大小。

从图 4-6 中可以看出，相同条件下的线性轴心轨迹和非线性轴心轨迹有明显的不同。如图 4-6 所示，轴心初始位置位于 $(-0.1, 0.05)$，当主轴转速大于临界转速（$\omega_a = 2.65 > \bar{\omega}_{th}$）时，线性轴心轨迹和非线性轴心轨迹均处于发散状态，油膜力的振荡幅值也逐渐增大。

当主轴转速等于临界转速（$\omega_a = 2.573 = \bar{\omega}_{th}$）时，如图 4-7 所示，线性轴心轨迹在

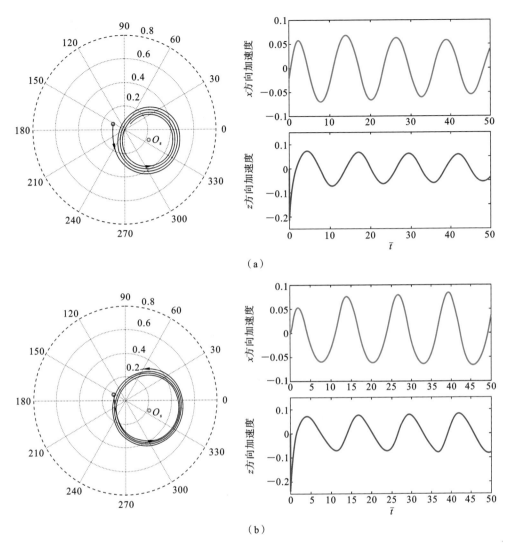

图 4-8　$\bar{\omega}_a = 2.5 < \bar{\omega}_{th}$，起始点为$(-0.1, 0.05)$时的线性和非线性轴心轨迹与加速度

（a）线性轴心轨迹和加速度；（b）非线性轴心轨迹和加速度

固定的轨道上，此时主轴处于临界稳定状态，其加速度曲线的波动幅值也保持不变，即油膜力的大小呈周期性变化。而非线性轴心轨迹则处于发散状态，油膜力的振荡幅值逐渐加大。

　　当主轴的转速略低于临界转速（$\omega_a = 2.5 < \bar{\omega}_{th}$）时，如图 4-8 所示，线性轴心轨迹呈收敛状态，油膜力的振荡幅值逐渐变小，而非线性轴心轨迹仍然呈发散状态，油膜力的振荡幅度较小，但依然有逐渐增大的趋势。进一步减小主轴转速（$\omega_a = 2.437 < \bar{\omega}_{th}$），如图 4-9 所示，可以看到，线性和非线性轴心轨迹均处于收敛状态，二者的油膜力振荡幅值都逐渐减小。

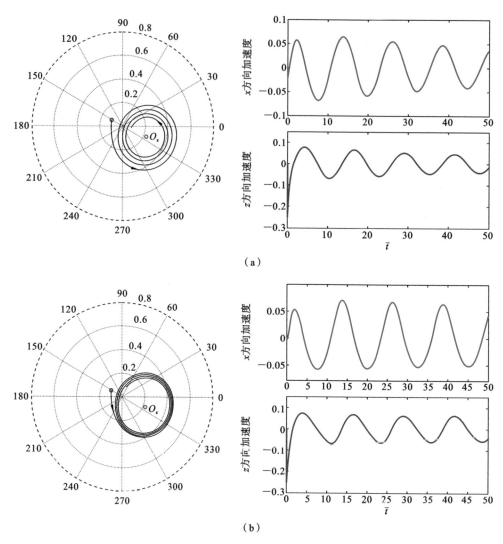

（a）

（b）

图 4-9 $\bar{\omega}_a = 2.437 < \bar{\omega}_{th}$，起始点为（$-0.1$，$0.05$）时的线性与和非线性轴心轨迹与加速度
（a）线性轴心轨迹与加速度；（b）非线性轴心轨迹与加速度

对比图 4-6 至图 4-9 可知，在非线性条件下，轴心轨迹的收敛速度要明显慢于线性条件下的收敛速度。在线性条件下能够收敛的工况，若考虑非线性因素则不一定收敛，相比线性假设，非线性的动态油膜力会使孔入式液体静压径向轴承系统的稳定性降低。

上述讨论的四种情况中，轴心运动的起始点离主轴的稳态平衡位置较近，可以反映轴心跳动较小的扰动工况。保持主轴的转速 $\omega_a = 2.437 < \bar{\omega}_{th}$ 不变，将主轴的轴心运动起始位置设置为（-0.3，0.15），使轴心发生跳动后的位置更加远离稳态平衡位置，如图 4-10 所示，线性轴心轨迹依然呈收敛状态，而非线性轴心轨迹则呈现发散状

态。由此可以得出,非线性条件下,孔入式液体静压径向轴承系统的稳定性还与主轴的跳动幅值相关。

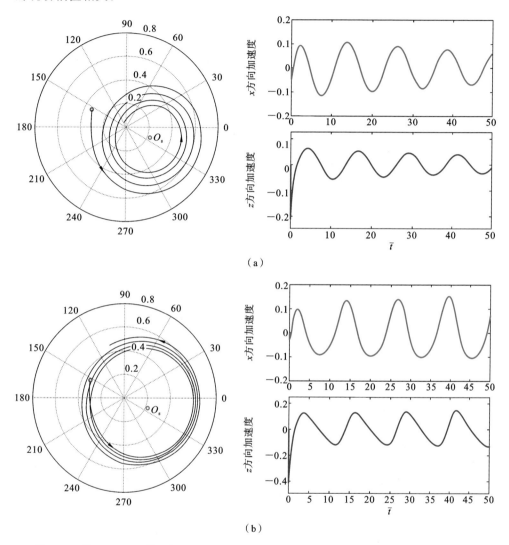

图 4-10　$\overline{\omega}_a = 2.437 < \overline{\omega}_{th}$,起始点为$(-0.3, 0.15)$时的线性和非线性轴心轨迹与加速度
(a) 线性轴心轨迹与加速度;(b) 非线性轴心轨迹与加速度

如图 4-11 所示,继续降低主轴转速($\omega_a = 2.305 < \overline{\omega}_{th}$),此时线性和非线性轴心轨迹又都呈现收敛状态。并且随着转速的降低,轴心轨迹的收敛趋势更加明显。

从以上分析可以看出,线性动力学假设所描述的轴心轨迹和稳定性特性与非线性动力学关系描述的轴心轨迹和稳定性特性具有明显的差异。某一工况下,在线性假设下主轴的运动能保持稳定,在非线性条件下则不一定能保持稳定。从图 4-9 和图 4-10 中还可以看出,非线性条件下的稳定性还与主轴的初始运动位置有关。在某一工况下,当主轴跳动幅度较小时,主轴的运动能回到稳定状态,当主轴跳动幅度较大时,主轴在动态油膜力的作用下将不能回到稳定状态,轴心轨迹逐渐趋于发散,直至与轴承内表面接触,造成系统失稳。对比图 4-10 和图 4-11 可知,轴心发生跳动后的稳定性还与主轴转速有关,转速越低,轴承系统越趋向于稳定。

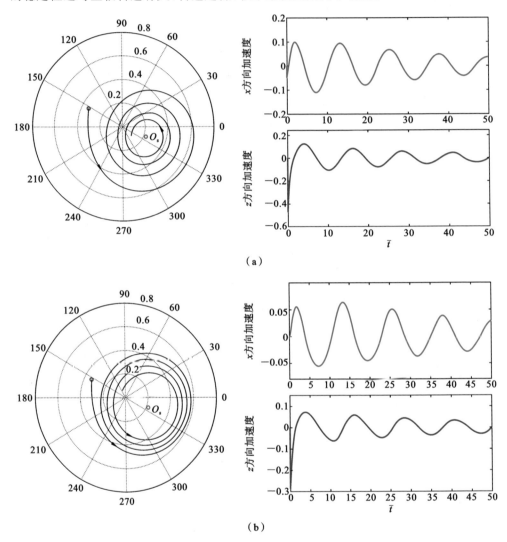

图 4-11　$\bar{\omega}_a = 2.305 < \bar{\omega}_{th}$,起始点为$(-0.3, 0.15)$时的线性和非线性轴心轨迹与加速度

(a) 线性轴心轨迹与加速度;(b) 非线性轴心轨迹与加速度

由此引出了另一个问题:在非线性条件下,处于特定工况的主轴发生跳动后在动态油膜力的作用下,能最终回到稳定状态的区域有哪些? 本章的研究中,称主轴跳动后能回到稳定状态的区域边界为轴心的非线性稳定性边界。4.4 节将介绍求解非线性稳定性边界的数值方法。

4.4　液体悬浮轴承的非线性稳定性边界求解

静压/动静压主轴发生跳动之后轴心的稳定性不仅受到轴承结构及工况参数的影响,还与轴心的跳动幅度相关。从 4.3 节的分析可以推测,在非线性条件下,主轴以低于临界转速的速度运转时,并非在所有区域内均能回到稳定状态。理论上说,在同一个方向上,偏离稳定点的距离越小,主轴的运动越趋于稳定,偏离稳定点越远,主轴的运动越容易发散。因此,在主轴的稳定点和每一个绝对发散点之间必然存在一个临界稳定点,所有的临界稳定点便组成了主轴轴心的非线性稳定性边界。在边界以内,主轴在动态油膜力的作用下能逐渐回到稳定状态,在边界以外,主轴的运动会逐渐发散,直至与轴承内壁接触,导致系统失稳。

图 4-12 所示为主轴轴心非线性稳定性边界求解示意图。单位圆表示主轴轴心可运动的最大范围。当主轴稳态运行时,其轴心位置 O_J^s 即为稳态平衡位置。而圆形区域的边界是主轴轴心运动的极限范围,轴心运动到边界时主轴将和轴承内表面接触,因此,圆形区域的边界由绝对发散点组成,故在 O_J^s 与圆形区域边界上的每一点的连线上都存在一个临界稳定点。此处,为简化计算,可以在圆形区域的边界上取有限个等分点(本节以 24 个等分点为例,即在边界圆上每隔 $15°$ 取一个点)与 O_J^s 连线。

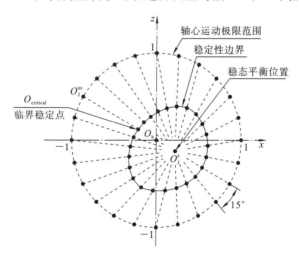

图 4-12　非线性稳定性边界求解示意图

设其中一个点为 O_J^{us},如图 4-13 所示。取 $O_J^s O_J^{us}$ 的中点 O_1,利用 4.3 节中的方法计算主轴轴心位于 O_1 时的非线性轴心运动轨迹,运用式(4-17)判断轴心轨迹的稳定性。假设轴心轨迹发散,则 O_1 为发散点,临界稳定点应位于 $O_J^s O_1$ 上。再取 $O_J^s O_1$ 的中点 O_2,计算主轴轴心位于 O_2 时的轴心轨迹。若轴心运动轨迹趋于稳定,则再取 $O_1 O_2$ 的中点 O_3 计算轴心轨迹。重复这样的取中点和计算轴心轨迹的过程,直至点

O_{n-1} 和 O_n 的距离足够小,即可认为 O_n 为 $O_j^s O_j^{us}$ 上的临界稳定点 $O_{critical}$。重复以上的计算过程,直至求出 24 条直线上的临界稳定点,连接这些临界稳定点即构成轴心位置的非线性稳定性边界,如图 4-12 所示。当轴心的位置由稳定点跳跃至虚线区域外时,主轴的运动将逐渐发散,并最终与轴承的内表面接触。稳定性边界所包围的面积可以用来衡量孔入式液体静压径向轴承系统稳定性的高低。

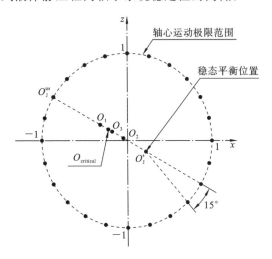

图 4-13 求解一条直线上的临界稳定点

4.5 液体悬浮轴承的非线性稳定性特性分析

前面章节讲述了线性轴心轨迹和非线性轴心轨迹的计算方法及两者之间的差异,可以看出利用线性动力学关系来描述孔入式液体静压径向轴承的稳定性具有较大的误差。在实际的工程应用中,若按照线性理论进行操作,即使主轴转速低于临界转速,也有可能造成系统失稳,设备损坏。在一些高速、高精的加工场合,线性动力学关系所描述的稳定性特性已不能满足相关工艺的要求,必须在非线性动力学基础上进行分析。本节将在前文的基础上对孔入式液体静压径向轴承的非线性特性进行系统的分析和总结。

4.5.1 孔入式液体静压径向轴承的设计参数对临界转速的影响规律

有文献指出,基于线性动力学关系和非线性动力学关系求解出的临界转速相同。在临界转速以上,系统受到扰动后在动态油膜力的作用下将逐渐失稳,无法回到稳定状态。因此,临界转速是衡量系统稳定性的基础指标。图 4-14 至图 4-18 显示了不同结构参数和工况参数对临界转速的影响规律。

图 4-14 所示是不同节流系数条件下主轴的临界转速随载荷的变化趋势。可以

看出,不同节流系数对应的临界转速区别并不明显。节流系数增大,临界转速略有下降。从 $C_{s2}=0.02$ 的临界转速变化曲线可以看出油膜空穴的产生对临界转速下降的趋势有一定的减缓作用。在相同的节流系数条件下,主轴的临界转速均随着载荷的增大有较为明显的下降趋势。

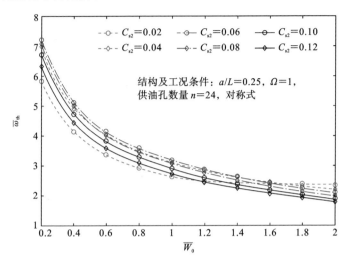

图 4-14　不同节流系数条件下主轴的临界转速随载荷的变化趋势

图 4-15 所示是不同速度系数条件下临界转速随载荷的变化趋势。可以看出,速度系数对临界转速的影响较为明显。相同载荷下,速度系数越大,临界转速越小。在同一种速度系数条件下,临界转速随载荷的增加均呈下降趋势。速度系数越小,下降的趋势越明显。

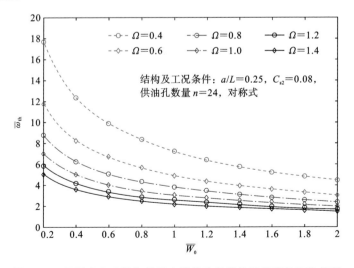

图 4-15　不同速度系数条件下主轴的临界转速随载荷的变化趋势

图 4-16 所示是不同供油孔条件下主轴的临界转速随载荷的变化趋势。同节流系数一样,供油孔位置对临界转速的影响也非常微小,总体来说,供油孔离轴承端面远,临界转速将略微变小。在固定的供油孔位置条件下,临界转速均随着载荷增加明显降低。

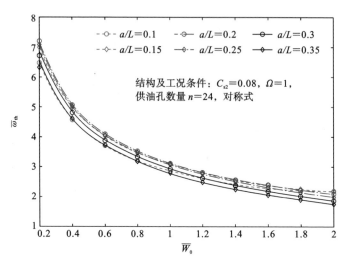

图 4-16　不同供油孔位置条件下主轴的临界转速随载荷的变化趋势

图 4-17 所示是不同供油孔数量条件下主轴的临界转速随载荷的变化趋势。可以看出,供油孔的数量越多,临界转速越高,但影响幅度有限。在较大载荷条件下,不同供油孔数量所对应的临界转速之间的差异逐渐变小。在同一种供油孔数量条件下,临界转速均随着载荷的增大而显著减小。

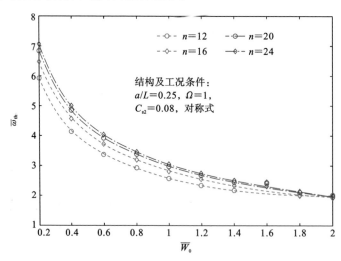

图 4-17　不同供油孔数量条件下主轴的临界转速随载荷的变化趋势

图 4-18 所示是非对称结构与对称结构的孔入式液体静压径向轴承临界转速随载荷的变化趋势对比。可以看出,在外载荷较小时,对称结构所对应的临界转速比非对称结构要高,当外载荷较大($\overline{W}_0 > 1.4$)时,非对称结构由于油膜空穴的产生,所对应的临界转速变化趋势逐渐平缓,并逐渐高于对称结构的临界转速。另外,非对称结构所对应的临界转速随着载荷的增加幅度也明显降低。

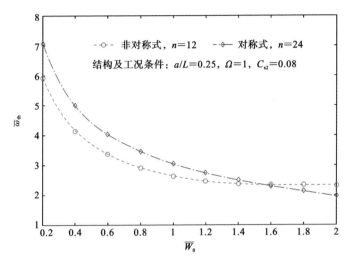

图 4-18　非对称和对称结构条件下主轴的临界转速随载荷的变化趋势

从图 4-14 至图 4-18 可以看出,速度系数 Ω 和外载荷 $\overline{W}_0$ 是影响孔入式液体静压径向轴承系统临界转速的主要因素。在高速及重载情况下,孔入式液体静压径向轴承的稳定性会明显变差。

4.5.2　非线性稳定性边界与工况参数的关系

从非线性轴心轨迹和线性轴心轨迹的对比可以看出,在低于临界转速的条件下,主轴发生跳动后的稳定性与主轴的跳动幅度有关,在油膜间隙所形成的运动范围内,只在一部分区域内主轴的运动能确保在油膜力的作用下回到稳定状态。在确定的外载荷和轴承结构条件下,孔入式液体静压径向轴承的不同转速对应的轴心临界稳定性边界如图 4-19 至图 4-22 所示。单位圆为轴心运动的极限范围,O_s 为轴心稳态平衡位置。对应的结构为 24 个供油孔的对称式孔入式液体静压径向轴承,速度系数为 $\Omega = 1$,节流系数为 $C_{s2} = 0.08$,外载荷为 $\overline{W}_0 = 1.6$,轴心运动的起始速度为 0。图4-19 至图 4-22 给出了主轴的临界稳定性边界和稳定、临界及发散三种轴心轨迹。

图 4-23 所示为不同转速条件对应的临界稳定性边界示意图,可以看出,在转速从低到高的变化过程中,靠近临界转速,稳定区域呈现逐渐缩小的趋势。当 $\overline{\omega} = 2.305$时,轴心几乎在整个运动区域上均可以保持稳定。当转速接近临界转速时,稳定区域逐渐收缩为一个点,即稳态平衡位置 O_s。

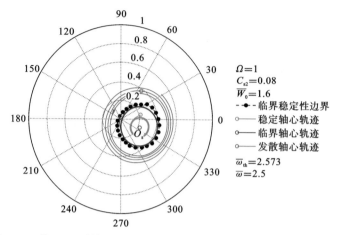

图 4-19 $\overline{\omega}=2.5$ 时轴心位置的临界稳定性边界及三种轴心轨迹示意图

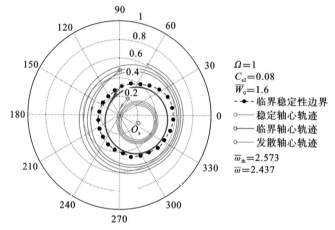

图 4-20 $\overline{\omega}=2.437$ 时轴心位置的临界稳定性边界及二种轴心轨迹示意图

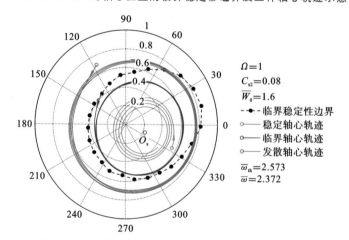

图 4-21 $\overline{\omega}=2.372$ 时轴心位置的临界稳定性边界及三种轴心轨迹示意图

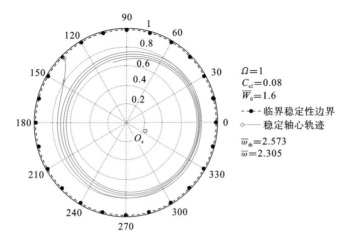

图 4-22　$\overline{\omega}=2.305$ 时轴心位置的临界稳定性边界及稳定轴心轨迹示意图

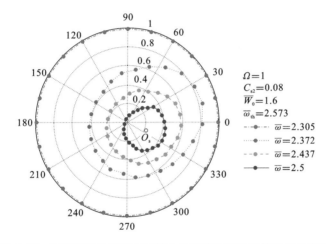

图 4-23　不同转速条件对应的轴心位置的临界稳定性边界示意图

对比孔入式液体静压径向轴承的线性稳定性和非线性稳定性可以得出图 4-24 所示的稳定性色域图。在线性条件下,低于临界转速时,主轴受冲击后在整个轴心运动范围内都可以在动态油膜力的作用下回到稳定状态。高于临界转速时,主轴受轻

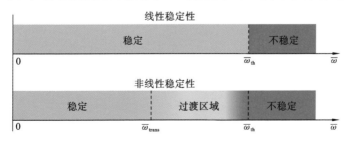

图 4-24　孔入式液体静压径向轴承线性稳定性和非线性稳定性对比

微扰动即失稳。而在非线性条件下，主轴受冲击后的稳定性存在一个明显的过渡阶段。当主轴转速低于 $\bar{\omega}_{trans}$（$0<\bar{\omega}<\bar{\omega}_{trans}$）时，孔入式液体静压径向轴承的临界稳定性边界几乎与单位圆重合，即主轴受冲击后均能回到稳定状态。当转速逐渐增大到处于过渡区域（$\bar{\omega}_{trans}<\bar{\omega}<\bar{\omega}_{th}$）后，主轴的稳定性则与轴心的跳动幅度，或者说与承受冲击的程度相关。当冲击较大，轴心产生的跳动较大时，主轴的运动将趋于发散。转速越接近临界转速 $\bar{\omega}_{th}$，轴心位置所对应的稳定区间越小，即临界稳定性边界所包围的区域越向平衡位置收缩。当 $\bar{\omega}>\bar{\omega}_{th}$ 时，与线性稳定性相同，轻微的扰动都将导致孔入式液体静压径向轴承系统失稳。

在线性条件下得出的系统临界转速实际上扩大了系统的稳定阈值。在实际的工程应用中，主轴在运转过程中将受到非常多的扰动，采用由线性理论分析得到的临界转速来设置相应的转速将存在安全隐患，特别是在高速、重载的工况条件下，系统的稳定临界转速将进一步降低。基于线性理论分析得到的孔入式液体静压径向轴承稳定性也不能满足精密控制的要求。为了保证系统的稳定运行，必须对系统进行非线性稳定性分析，尽量将转速设置在过渡转速 $\bar{\omega}_{trans}$ 以下。

第5章　考虑表面粗糙度的孔入式液体静压径向轴承静动态特性有限元计算方法及分析

在零件经过机械加工后,不同的加工方法会产生不同表面粗糙度大小和粗糙方向的表面,如图 5-1 所示,可以看出,车削、铣削和磨削后表面呈现出清晰的纹理,即粗糙方向。

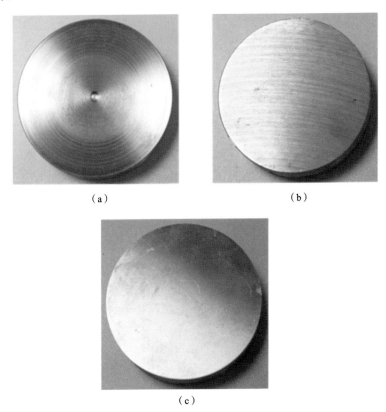

（a）   （b）

（c）

图 5-1　车削、铣削、磨削加工后的表面

（a）车削；（b）铣削；（c）磨削

在一般工程应用中,由于孔入式液体静压径向轴承的表面经过精磨后,表面粗糙度非常小,一般为 $Ra=0.4$ 或者 0.8,因而被大部分工程师所忽略,1967 年,Peklenik 设计了一套实验平台,并基于实验数据提出了如何运用数学方法对粗糙表面的特征进行模拟。1969 年,Christensen 提出了一种可以考虑粗糙表面的油膜分析模型,并在滑块轴承与径向动压轴承上进行了应用,然而,该模型只能分析横向和纵向的粗糙表面(见图 5-2),却无法应用于同向、类横向与类纵向的粗糙表面。而在 1978 年,Patir 利用互相关函数生成了具有一定特性的粗糙表面,成功地解决了 Christensen 模型存在的局限性,并被很多学者沿用至今。现对粗糙表面研究方法、计入粗糙表面的孔入式液体静压径向轴承分析方法及其有限元数值求解计算进行介绍。

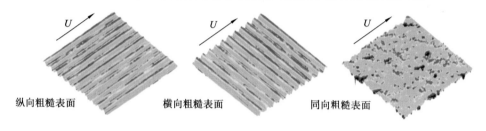

纵向粗糙表面   横向粗糙表面   同向粗糙表面

图 5-2　粗糙表面示意图

5.1　考虑粗糙表面的孔入式液体静压径向轴承分析方法及其求解过程

5.1.1　粗糙表面研究方法

1. Christensen 模型

Christensen 模型是基于具有粗糙表面的滑块轴承建立的,如图 5-3 所示,其中图 5-3(a)和图 5-3(b)分别是具有纵向和横向粗糙表面的滑块轴承,l 为轴承的长度,b 为轴承的宽度,$h(x)$ 为在 x 位置上的名义油膜厚度,即光滑表面的油膜厚度,

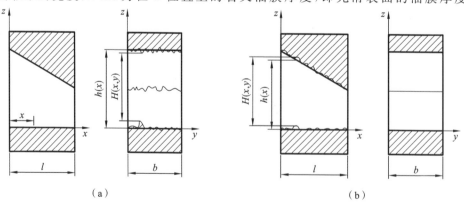

(a)   (b)

图 5-3　滑块轴承示意图

(a) 具有纵向粗糙表面的滑块轴承;(b) 具有横向粗糙表面的滑块轴承

$H(x,y)$ 是在 (x,y) 位置上的实际油膜厚度。

在单相流密度不变的牛顿流体润滑下,雷诺方程可以表示为

$$\frac{\partial}{\partial \alpha}\left(H^3 \frac{\partial p}{\partial \alpha}\right)+\frac{\partial}{\partial \beta}\left(H^3 \frac{\partial p}{\partial \beta}\right)=6\eta U \frac{\partial H}{\partial \alpha}+12\eta \frac{\partial H}{\partial t} \tag{5-1}$$

式中:η——动力黏度;

　　U——轴承转速;

　　p——压力;

　　t——时间;

　　H——实际油膜厚度,其表达式为

$$H=h(\alpha,\beta,t)+h_s(\alpha,\beta,\xi) \tag{5-2}$$

其中,h_s——(x,y) 位置上相对于名义油膜厚度 $h(x,y,t)$ 所凸出或者凹陷的高度,若不考虑粗糙度,即表面光滑时,则 $h_s=0$。ξ 为表面特征常数,若假定 ξ 为特定的某一个常数,则表明不同粗糙表面具有十分相似的粗糙高度分布,尽管并不是一模一样的,但具有相同的统计特征参数,例如期望值、标准差和方差。把实际油膜厚度 H 用粗糙高度 h_s 来表示的一个优点是可对实际油膜厚度进行遍历,而且不影响雷诺方程的使用。

对方程(5-1)两端取期望值,可以得到

$$\frac{\partial}{\partial \alpha} E\left(H^3 \frac{\partial p}{\partial \alpha}\right)+\frac{\partial}{\partial \beta} E\left(H^3 \frac{\partial p}{\partial \beta}\right)=6\eta U \frac{\partial E(H)}{\partial \alpha}+12\eta \frac{\partial E(H)}{\partial t} \tag{5-3}$$

$E(\cdot)$ 为求期望符号,可定义为

$$E(x)=\int_{-\infty}^{\infty} x \cdot f(x)\mathrm{d}x \tag{5-4}$$

$f(x)$ 是随机变量 x 的概率密度分布。现在化简方程(5-3)右端的两个部分,由于 h_s 的期望为 0,因此第一部分中的 $E(H)=h$,对于任何合理的概率密度函数 $f(h_s)$,第一部分均可简化成 $6\eta U \partial h/\partial \alpha$;对于第二部分,尽管粗糙的表面可能会相对坐标系框架移动,随机变量 h_s 可能是关于时间的函数,但是 h_s 的期望值仍然为 0,因此第二部分化简为 $12\eta E(H)/\partial t=12\eta \partial h/\partial t$。

然后讨论方程(5-3)左边两项的化简,这需要从纵向和横向两个方面来分析。需要注意的是,无论粗糙方向和滑动方向是平行还是垂直,以下两个条件均要满足:

(1)假设 s_1 表示与粗糙方向平行的方向,而 s_2 表示与粗糙方向垂直的方向。那么压力梯度 $\partial p/\partial s_1$ 则可假设为零方差的随机变量。

(2)垂直于粗糙表面的方向上的单位流量可以表达为

$$q_{s2}=U_{s2}-\left(\frac{H^3}{12\eta}\right)\frac{\partial p}{\partial s_2} \tag{5-5}$$

式中:q_{s2} 假设为零方差的随机变量。

以上两个条件的合理性均已经由相关文献验证。

现在对纵向粗糙表面和横向粗糙表面进行分开讨论。在具有纵向粗糙表面的模

型里,如图 5-3(a)中所示,认为滑块轴承表面沿着滑动方向(α 方向)具有窄长的沟壑。实际油膜厚度可以由方程(5-2)转换为

$$H = h(\alpha, \beta, t) + h_s(\beta, \xi) \tag{5-6}$$

基于第一个假设,由于 $\partial p/\partial \alpha$ 是方差为零的随机变量,$\partial p/\partial \alpha$ 和 H^3 可以认为是统计学意义上的独立变量,因此,可以得到

$$\frac{\partial}{\partial \alpha} E\left(H^3 \frac{\partial p}{\partial \alpha}\right) = \frac{\partial}{\partial \alpha}\left[\frac{\partial p}{\partial \alpha} E(H^3)\right] \tag{5-7}$$

接下来分析方程(5-3)左端第二项的简化,在 β 方向上的单位流量是

$$H^3 \frac{\partial p}{\partial \beta} = q_\beta(x, y) \tag{5-8}$$

基于第二个假设,此变量并不是随机变化的,因此可以表达为

$$E\left(\frac{\partial p}{\partial \beta}\right) = \frac{\partial p}{\partial \beta} = q_\beta E\left(\frac{1}{H^3}\right) \tag{5-9}$$

$$q_\beta = E\left(H^3 \frac{\partial p}{\partial \beta}\right) = \frac{1}{E(1/H^3)} \frac{\partial p}{\partial \beta} \tag{5-10}$$

因此可以获得

$$\frac{\partial}{\partial \beta} E\left(H^3 \frac{\partial p}{\partial \beta}\right) = \frac{\partial}{\partial \beta}\left[\frac{\partial p}{\partial \beta} \frac{1}{E(1/H^3)}\right] \tag{5-11}$$

把式(5-7)和式(5-11)代入雷诺方程(5-3)中,可以得到考虑纵向粗糙表面的雷诺方程:

$$\frac{\partial}{\partial \alpha}\left[\frac{\partial p}{\partial \alpha} E(H^3)\right] + \frac{\partial}{\partial \beta}\left[\frac{\partial p}{\partial \beta} \frac{1}{E(1/H^3)}\right] = 6\eta U \frac{\partial E(H)}{\partial \alpha} + 12\eta \frac{\partial E(H)}{\partial t} \tag{5-12}$$

同样,对于具有横向粗糙表面的滑块轴承,模型中则认为在与滑动方向垂直的方向上存在窄长的沟壑,实际油膜厚度可以表达为

$$H = h(\alpha, \beta, t) + h_s(\alpha, \xi) \tag{5-13}$$

类似于以上的假设和推导,同样可以获得横向粗糙表面状态下的雷诺方程:

$$\frac{\partial}{\partial \alpha}\left[\frac{\partial p}{\partial \alpha} \frac{1}{E(1/H^3)}\right] + \frac{\partial}{\partial \beta}\left[\frac{\partial p}{\partial \beta} E(H^3)\right] = 6\eta U \frac{\partial}{\partial \alpha} \frac{E(1/H^2)}{E(1/H^3)} + 12\eta \frac{\partial E(H)}{\partial t} \tag{5-14}$$

2. 平均流量模型

Christensen 所提出的模型仅能应用于横向和纵向粗糙表面的油膜润滑中,Patir 提出了平均流量模型解决了此限制。顾名思义,平均流量模型是基于平均流量原理而推导的,现对其进行进一步说明。

1)模型基本介绍

平均流量模型如图 5-4 所示,图中,S 为偏度,h_0 为出油口油膜厚度,h_T 为局部实际油膜厚度。局部实际油膜厚度可以表示为

$$h_T = h + \delta_1 + \delta_2 \tag{5-15}$$

式中:h——名义油膜厚度,即两光滑表面之间的油膜厚度;

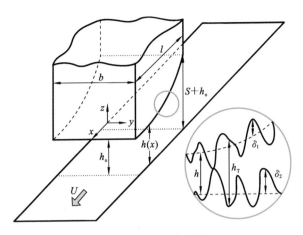

图 5-4　平均流量模型

δ_1 和 δ_2——两表面的粗糙高度的随机变量。假设 δ_1 和 δ_2 服从高斯分布,均值为 0,标准差分别为 σ_1 和 σ_2。由于 δ_1 和 δ_2 相互独立,因此总粗糙高度 $\delta = \delta_1 + \delta_2$ 的方差为 $\sigma^2 = \sigma_1^2 + \sigma_2^2$。

比例因子 h/σ 是衡量粗糙表面效果的一个重要参数。当 $h/\sigma \gg 3$ 时,由于根据高斯分布的特点,99.7% 的 δ 值主要位于 $[-3\sigma, 3\sigma]$,因此粗糙表面的效果并不重要,光滑油膜理论已经足够精确了。然而当 $h/\sigma \to 3$ 时,粗糙表面引起的变化很重要,当 h/σ 越来越小时,两个表面甚至会接触,此模型主要考虑 $h/\sigma \to 3$ 的局部润滑状况。

在接触的位置,$h_T = 0$。在油膜的某个位置平均油膜厚度 $\bar{h}_T$ 可以表达为

$$\bar{h}_T = \int_{-h}^{\infty} (h + \delta) f(\delta) \mathrm{d}\delta \tag{5-16}$$

式中:$f(\delta)$——δ 的概率密度分布函数。

2)平均雷诺方程

在等温且不可压缩的牛顿流体润滑和考虑流体动力弹性情况下,压力的控制方程为

$$\frac{\partial}{\partial \alpha}\left(\frac{h_T^3}{12\mu}\frac{\partial p}{\partial \alpha}\right) + \frac{\partial}{\partial \beta}\left(\frac{h_T^3}{12\mu}\frac{\partial p}{\partial \beta}\right) = \frac{U_1 + U_2}{2}\frac{\partial h_T}{\partial \alpha} + \frac{\partial h_T}{\partial t} \tag{5-17}$$

为了获得平均雷诺方程,基于一个控制单元区域 $\Delta\alpha\Delta\beta$ 进行分析,如图 5-5 所示。

α 和 β 方向上的流量表达式为

$$q_\alpha = -\frac{h_T^3}{12\mu}\frac{\partial p}{\partial \alpha} + \frac{U_1 + U_2}{2}h_T$$

$$q_\beta = -\frac{h_T^3}{12\mu}\frac{\partial p}{\partial \beta} \tag{5-18}$$

由于 q_α 和 q_β 为局部流量,h_T 为随机函数,因此 q_α 和 q_β 这两项也是随机函数,现求解进入控制体的平均单元流量:

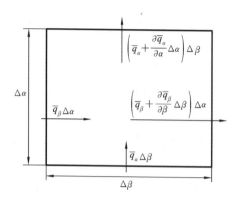

图 5-5   控制单元示意图

$$\begin{cases} \bar{q}_\alpha = \dfrac{1}{\Delta\beta}\int_\beta^{\beta+\Delta\beta} q_\alpha \,\mathrm{d}\beta = \dfrac{1}{\Delta\beta}\int_\beta^{\beta+\Delta\beta} -\dfrac{h_\mathrm{T}^3}{12\mu}\dfrac{\partial p}{\partial\alpha} + \dfrac{U_1+U_2}{2}h_\mathrm{T}\,\mathrm{d}\beta \\ \bar{q}_\beta = \dfrac{1}{\Delta\alpha}\int_\alpha^{\alpha+\Delta\alpha} q_\beta \,\mathrm{d}\alpha = \dfrac{1}{\Delta\alpha}\int_\alpha^{\alpha+\Delta\alpha} -\dfrac{h_\mathrm{T}^3}{12\mu}\dfrac{\partial p}{\partial\beta}\,\mathrm{d}\alpha \end{cases} \tag{5-19}$$

先定义压力流量因子 ϕ_x 和 ϕ_y 及剪切流量因子 ϕ_s,得到期望单元流量表达式:

$$\bar{q}_\alpha = -\phi_\alpha\frac{h^3}{12\mu}\frac{\partial\bar{p}}{\partial\alpha} + \frac{U_1+U_2}{2}\bar{h}_\mathrm{T} + \frac{U_1-U_2}{2}\sigma\phi_s$$

$$\bar{q}_\beta = -\phi_\beta\frac{h^3}{12\mu}\frac{\partial\bar{p}}{\partial\beta} \tag{5-20}$$

式中:$\bar{p}$——平均压力;

ϕ_α,ϕ_β——两个方向上的对粗糙表面与光滑表面上的平均压力流进行对比的因子。

正如前面所述,区域 $\Delta\alpha\Delta\beta$ 可以包含足够多的粗糙高度,在该种情况下 $\bar{q}_\alpha$ 和 $\bar{q}_\beta$ 是随机变量,但其方差非常小,因此可以认为 ϕ_α、ϕ_β 和 ϕ_s 同样具有非常小的方差。通过流量守恒可以获得

$$\left(\bar{q}_\alpha+\frac{\partial\bar{q}_\alpha}{\partial\alpha}\Delta\alpha\right)\Delta\beta - \bar{q}_\alpha\Delta\beta + \left(\bar{q}_\beta+\frac{\partial\bar{q}_\beta}{\partial\beta}\Delta\beta\right)\Delta\alpha - \bar{q}_\beta\Delta\alpha = -\Delta\alpha\Delta\beta\frac{\partial\bar{h}_\mathrm{T}}{\partial t} \tag{5-21}$$

化简可得

$$\frac{\partial\bar{q}_\alpha}{\partial\alpha} + \frac{\partial\bar{q}_\beta}{\partial\beta} = -\frac{\partial\bar{h}_\mathrm{T}}{\partial t} \tag{5-22}$$

把式(5-20)代入式(5-22),得

$$\frac{\partial}{\partial\alpha}\left(\phi_\alpha\frac{h^3}{12\mu}\frac{\partial\bar{p}}{\partial\alpha}\right) + \frac{\partial}{\partial\beta}\left(\phi_\beta\frac{h^3}{12\mu}\frac{\partial\bar{p}}{\partial\beta}\right) = \frac{U_1+U_2}{2}\frac{\partial\bar{h}_\mathrm{T}}{\partial\alpha} + \frac{U_1-U_2}{2}\sigma\frac{\partial\phi_s}{\partial\alpha} + \frac{\partial\bar{h}_\mathrm{T}}{\partial t} \tag{5-23}$$

当 $h/\sigma\to\infty$ 时,方程(5-23)可转化为光滑表面下的雷诺方程,此时,ϕ_α、$\phi_\beta\to1$。

3)流量修正系数 ϕ_α、ϕ_β 的推导

假设轴承可以划分为很多小矩形区域 δA_i,名义油膜厚度 h 在每一个小矩形区域中为常数,但又能够包括足够多的不同粗糙高度。对于每一个具有特定粗糙结构

的矩形块,ϕ_α、ϕ_β可以通过以下方法计算:首先在边界上随意假设压力梯度,然后通过数值方法计算压力流,再和同样条件下的光滑区域计算得到的压力流进行比较。考虑到不同的名义油膜厚度,ϕ_α、ϕ_β可以假设为一个关于 h 的函数。

现以求解 ϕ_α 为例,基于图 5-6 所示的模型进行分析。

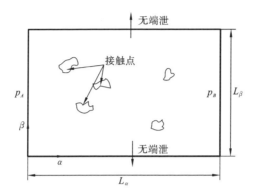

图 5-6　模拟的模型

控制方程表示为

$$\frac{\partial}{\partial \alpha}\left(\frac{h_T^3}{12\mu}\frac{\partial p}{\partial \alpha}\right)+\frac{\partial}{\partial \beta}\left(\frac{h_T^3}{12\mu}\frac{\partial p}{\partial \beta}\right)=U\frac{\partial h_T}{\partial \alpha}+\frac{\partial h_T}{\partial t} \tag{5-24}$$

$$h_T=h+\delta_1+\delta_2\ (h=常数) \tag{5-25}$$

接触点处无流量,此外,边界条件为

$$\begin{cases} 当\ \alpha=0\ 时,p=p_A \\ 当\ \alpha=L_\alpha\ 时,p=p_B \\ 当\ \beta=0,\beta=L_\beta\ 时,\dfrac{\partial p}{\partial \beta}=0 \end{cases} \tag{5-26}$$

由于名义油膜厚度 h 为常量,因此方程(5-24)右边可以化为

$$U\frac{\partial h_T}{\partial \alpha}+\frac{\partial h_T}{\partial t}=U\frac{\partial(\delta_1+\delta_2)}{\partial \alpha}+\frac{\partial(\delta_1+\delta_2)}{\partial t} \tag{5-27}$$

由于轴承两表面的速度差为 U,可以得到

$$\delta_i=\delta_i(\alpha-Ut,\beta)\quad i=1,2 \tag{5-28}$$

因此,

$$\frac{\partial \delta_i}{\partial t}=-U\frac{\partial \delta_i}{\partial \alpha}\quad i=1,2 \tag{5-29}$$

把方程(5-29)代入式(5-27),式(5-27)等于 0,因此方程(5-24)可简化为

$$\frac{\partial}{\partial \alpha}\left(\frac{h_T^3}{12\mu}\frac{\partial p}{\partial \alpha}\right)+\frac{\partial}{\partial \beta}\left(\frac{h_T^3}{12\mu}\frac{\partial p}{\partial \beta}\right)=0 \tag{5-30}$$

在确定了轴承粗糙表面的统计学特征(期望和标准差)后,在边界条件式(5-26)下利用有限差分法求解方程(5-30),再利用方程(5-19)获得 α 方向上的平均单元流

量,然后利用以下公式计算 ϕ_a:

$$\phi_a = \frac{\dfrac{1}{L_\beta}\displaystyle\int_0^{L_\beta}\left(\dfrac{h_T^3}{12\mu}\dfrac{\partial p}{\partial \alpha}\right)\mathrm{d}\beta}{\dfrac{h^3}{12\mu}\dfrac{\partial \overline{p}}{\partial \alpha}} \tag{5-31}$$

式中:$\partial \overline{p}/\partial \alpha = p_B - p_A/L_a$。

由于 ϕ_a 和轴承的实际粗糙几何有关,而每次生成的粗糙表面会有略微不同,因此为了更精确地获得 ϕ_a,需要重复以上步骤 10 次,然后对求得的 10 个 ϕ_a 取平均值。利用同样的方法可以获得 ϕ_β,在求 ϕ_β 时,可以随意假设 β 方向上的压力梯度边界条件,然后计算平均单元流量 $\overline{q}_\beta$,再根据同样的方法获得 ϕ_β。实际上不难看出在同等条件下 ϕ_a 和 ϕ_β 是相同的,即 $\phi_a = \phi_\beta$。

ϕ_a 和 ϕ_β 既是关于 h/σ 的函数,又是关于总粗糙高度 δ 的统计性质的函数;在这些参数里,粗糙高度的频率密度和表面的方向性是最重要的参数。粗糙表面的方向性可以用 Kubo 和 Peklenik 定义的参数 γ 来表征。首先引入长度 $\lambda_{0.5}$,$\lambda_{0.5}$ 表示的是轮廓自相关函数缩小到初始值 50% 时的长度,而 γ 可定义为

$$\gamma = \frac{\lambda_{0.5x}}{\lambda_{0.5y}} \tag{5-32}$$

γ 可看作具有表征性的粗糙高度的长宽比。横向、同向和纵向表面分别与 $\gamma = 0$、1、∞ 对应,具体生成横向、同向和纵向表面的方法可以查阅相关文献。

由于粗糙表面的方向性在生成随机表面时已经使用 γ 来表示,故 ϕ_a 是 h/σ 的函数,经过以上步骤,使用拟合公式可以得到以下表达式:

$$\begin{cases} \phi_a = 1 - Ce^{-rH}; & \gamma \leqslant 1 \\ \phi_a = 1 + CH^{-r}; & \gamma > 1 \end{cases} \tag{5-33}$$

式中:$H = h/\sigma$;常数 C 和 r 可以通过查阅表 5-1 获得。

表 5-1　常数 C 和 r 的值

γ	C	r	定义域
1/9	1.48	0.42	$H>1$
1/6	1.38	0.42	$H>1$
1/3	1.18	0.42	$H>0.75$
1	0.90	0.56	$H>0.5$
3	0.225	1.5	$H>0.5$
6	0.520	1.5	$H>0.5$
9	0.870	1.5	$H>0.5$

对于具有给定值 γ 的粗糙表面,ϕ_β 等于 ϕ_a 的 $1/\gamma$,即

$$\phi_\beta(H,\gamma) = \phi_a(H,1/\gamma) \tag{5-34}$$

当 $\gamma = 0, \infty$ 时,即表面方向性为横向或者纵向时,计算方法可以直接采用 Christensen 模型,即

$$
\begin{cases}
\phi_a = \dfrac{1}{h^3 E\left(\dfrac{1}{h_T^3}\right)} & (\text{横向}) \\[4mm]
\phi_a = \dfrac{E(h_T^3)}{h^3} & (\text{纵向})
\end{cases}
\tag{5-35}
$$

5.1.2　计入粗糙表面的孔入式液体静压径向轴承分析方法

在保证静压效应的情况下,采用无油腔式的小孔节流方法,能够最大限度地增强动压效应,使孔入式液体静压径向轴承的性能最好。本小节基于图 5-7 所示的孔入式液体静压径向轴承进行分析,自从 1982 年学者 Rowe 应用此模型后,很多学者均采用此模型作为孔入式液体静压径向轴承的分析模型。该模型为小孔对称式分布的孔入式液体静压径向轴承,总共两排,每排 12 个小孔节流器,其三维示意图如图 5-8 所示。

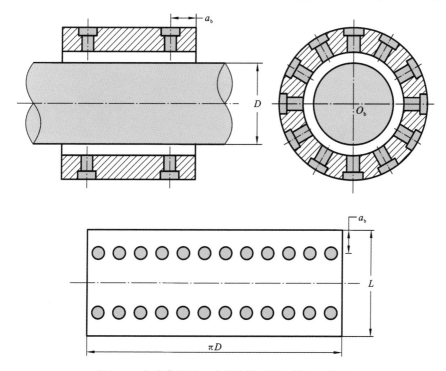

图 5-7　小孔节流孔入式液体静压径向轴承示意图

1. 平均油膜厚度 $\bar{h}_T$

图 5-9 所示为油膜形状几何模型,为方便后面的描述,以下所有参数均用无量纲形式表示,无量纲形式的局部油膜厚度为 $\bar{h}_1 = \bar{h} + \bar{z}$,其中 $\bar{z} = z/h_0$ 为两表面的综合粗糙高度;$\bar{h} = h/h_0$ 为名义油膜厚度,h_0 为基本半径间隙,名义油膜厚度 $\bar{h}$ 为光滑表面

图 5-8 小孔节流孔入式液体静压径向轴承三维示意图

对应的油膜厚度,其表达式为

$$\bar{h} = 1 - \bar{X}_J \cos \bar{\alpha} - \bar{Z}_J \sin \bar{\alpha} \tag{5-36}$$

式中:$\bar{X}_J$、$\bar{Z}_J$——轴在轴承腔里 x、z 方向上的无量纲位移量(见图 5-9);

$\bar{\alpha}$——油膜位置与 x 轴的夹角。

假设表面粗糙高度为高斯分布,无量纲的平均油膜厚度 $\bar{h}_T$ 可以表达为

$$\bar{h}_T = E(\bar{h} + \bar{z}) = \int_{-\infty}^{\infty} (\bar{h} + \bar{z}) \psi(\bar{z}) \mathrm{d}\bar{z} \tag{5-37}$$

式中:$\psi(\bar{z})$——综合粗糙高度 $\bar{z}$ 的概率密度函数,也就是高斯分布(正态分布),即

$$\psi(\bar{z}) = \frac{1}{\sqrt{2\pi}\sigma} \mathrm{e}^{-\bar{z}^2/(2\bar{\sigma}^2)} \tag{5-38}$$

式中:$\bar{\sigma}$——无量纲形式的高斯分布的标准差,表达式为 $\bar{\sigma} = \sigma/h_0$。

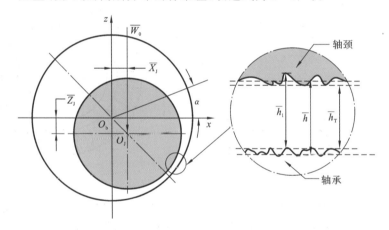

图 5-9 油膜几何形状

计算平均油膜厚度 $\bar{h}_T$ 时需要分两种情况,根据参数 $\Lambda \bar{h} \geqslant 3$ 和 $\Lambda \bar{h} < 3$($\Lambda = 1/\bar{\sigma}$ 为粗糙表面参数,用来衡量粗糙表面对油膜影响的大小)来判断是全局润滑还是局部润滑。第一种情况为全局润滑情况(即 $\Lambda \bar{h} \geqslant 3$),即轴与轴承无金属接触,由于名义油膜厚度 $\bar{h}$ 的取值与综合粗糙高度 $\bar{z}$ 无关,因此 $\bar{h}$ 的期望值为

$$E(\bar{h}) = \int_{-\infty}^{\infty} \bar{h} \psi(\bar{z}) \mathrm{d}\bar{z} = \bar{h} \int_{-\infty}^{\infty} \psi(\bar{z}) \mathrm{d}\bar{z} = \bar{h} \tag{5-39}$$

由于综合粗糙高度 $\bar{z}$ 为 δ_1 和 δ_2 均值的随机变量,而 δ_1 和 δ_2 的均值为 0,因此在全局润滑的情况下,综合粗糙高度 $\bar{z}$ 的期望值也为 0,所以在全局润滑情况下平均油膜厚度 $\bar{h}_T$ 的表达式为

$$\bar{h}_T = \bar{h} \tag{5-40}$$

第二种情况为局部润滑情况，即存在金属接触的情况，由于金属接触的区域很少，因此可以暂时不考虑弹性接触所造成的影响，此时，平均油膜厚度表达式为

$$\bar{h}_T = \int_{-\bar{h}}^{\infty}(\bar{h}+\bar{z})\psi(\bar{z})\mathrm{d}\bar{z} = \frac{\bar{h}}{2}\left[1+\mathrm{erf}\left(\frac{\Lambda\bar{h}}{\sqrt{2}}\right)\right] + \frac{1}{\Lambda}\frac{1}{\sqrt{2\pi}}\mathrm{e}^{-(\Lambda\bar{h})^2/2} \tag{5-41}$$

其中，$\mathrm{erf}(x)$ 为误差函数，其可由式（5-42）计算：

$$\mathrm{erf}(x) = \frac{2}{\sqrt{\pi}}\int_0^x\mathrm{e}^{-\eta^2}\mathrm{d}\eta \tag{5-42}$$

综合全局润滑和局部润滑两种情况，平均油膜厚度 $\bar{h}_T$ 可由以下公式计算：

$$\bar{h}_T = \begin{cases} \dfrac{\bar{h}}{2}\left[1+\mathrm{erf}\left(\dfrac{\Lambda\bar{h}}{\sqrt{2}}\right)\right] + \dfrac{1}{\Lambda\sqrt{2\pi}}\mathrm{e}^{-(\Lambda\bar{h})^2/2} & (\Lambda\bar{h}<3) \\ \bar{h} & (\Lambda\bar{h}\geqslant 3) \end{cases} \tag{5-43}$$

2. 考虑粗糙孔入式液体静压径向轴承表面的平均雷诺方程

在层流、不可压缩牛顿流体润滑下，考虑粗糙孔入式液体静压径向轴承表面时求解压力的无量纲形式的控制方程为

$$\frac{\partial}{\partial\bar{\alpha}}\left(\phi_\alpha\frac{\bar{h}^3}{12}\frac{\partial\bar{p}}{\partial\bar{\alpha}}\right) + \frac{\partial}{\partial\bar{\beta}}\left(\phi_\beta\frac{\bar{h}^3}{12}\frac{\partial\bar{p}}{\partial\bar{\beta}}\right) = \frac{\Omega}{2}\frac{\partial\bar{h}_T}{\partial\bar{\alpha}} + \frac{\Omega}{2\Lambda}\frac{\partial\phi_s}{\partial\bar{\alpha}} + \frac{\partial\bar{h}_T}{\partial\tau} \tag{5-44}$$

式中：$(\bar{\alpha},\bar{\beta})$——油膜展开后的轴向和径向坐标位置，$(\bar{\alpha},\bar{\beta})=(\alpha,\beta)/R_J$；

R_J——轴承的半径；

$\bar{p}$——压力，$\bar{p}=p/p_s$，p_s 为小孔进油压力；

Ω——速度系数，$\Omega=\omega_J(\mu R_J^2/(h_0^2 p_s))$，$\omega_J$ 为轴转速，μ 为润滑油的动力黏度；

τ——无量纲时间，$\tau=t(h_0^2 p_s/(\mu R_J^2))$。

可以观察到在光滑情况下，即压力流量因子 ϕ_α、$\phi_\beta\rightarrow 1$ 和剪切流量因子 $\phi_s\rightarrow 0$ 时，方程（5-44）可简化为普通的雷诺方程。

在粗糙状况下，压力流量因子 ϕ_α、ϕ_β 可根据方程（5-33）得到

$$\begin{cases} \phi_\alpha = 1-C\mathrm{e}^{-r\Lambda\bar{h}}\,(\gamma\leqslant 1) \\ \phi_\alpha = 1+C\,(\Lambda\bar{h})^{-r}\,(\gamma>1) \\ \phi_\beta(\Lambda\bar{h},\gamma) = \phi_\alpha(\Lambda\bar{h},1/\gamma) \end{cases} \tag{5-45}$$

常数 C 和 r 的数值可以查阅表 5-1。在本小节的分析中，假设轴和轴承均具有相同的表面，即 $\gamma_J=\gamma_b$，根据文献可知，由于不存在不同粗糙表面所引起的流量变化，因此剪切流量因子 ϕ_s 为 0。

孔入式液体静压径向轴承采用恒压式小孔节流器，小孔出油流量与出口压力的关系可表达为

$$\bar{Q}_R = \bar{C}_{s2}(1-\bar{p}_c)^{1/2} \tag{5-46}$$

式中：$\bar{Q}_R$——无量纲化的出油流量，$\bar{Q}_R = Q_R(\mu/(h_0^3 p_s))$；

$\bar{p}_c$——节流孔出口压力，$\bar{p}_c = p_c/(p_s)$；

$\bar{C}_{s2}=0.25(\pi d_0^2\cdot\mu\cdot\psi_d/h_0^3)(2/(\rho p_s))^{1/2}$，其中 d_0 为小孔的直径，ψ_d 为无量纲

化的流量系数,ρ 为润滑油的密度。

在利用方程(5-44)计算油膜压力时需要考虑以下边界条件:

(1) 轴承端与大气相连,所以此处压力为大气压,在无量纲形式下设为 0;

(2) 小孔节流器区域内具有相同的压力;

(3) 流进小孔节流器的流量等于流出的流量;

(4) 在产生空穴的区域采用雷诺边界条件,即 $\overline{p} = (\partial \overline{p} / \partial \overline{\alpha}) = 0$。

5.1.3 考虑粗糙度的有限元计算方法

1. 平均雷诺方程的有限元格式

有限元方法相对于传统的有限差分法具有很多优点,例如对于任何形状的模型,只要网格划分恰当,均能获得较为准确的结果,而有限差分法只能在规则的模型,如矩形、正方形的情况下,才能得到准确的结果。尽管油膜展开后为矩形,有限差分法相比有限元方法更为简单,但由于存在小孔节流器,导致有限差分法比有限元方法多了一层循环,因此利用有限元方法可以获得更精确结果的同时也能更为高效地进行运算。如图 5-10 所示,油膜展开后采用四节点等参单元进行网格划分,为方便计算,节流孔可简化为一个网格点(蓝色网格点)。

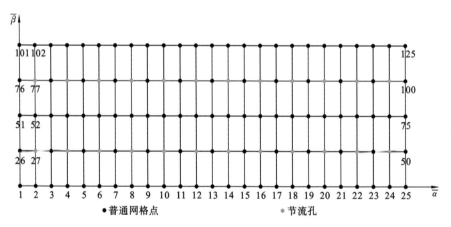

图 5-10 网格划分示意图

油膜展开后,采用经典的四节点单元划分,然后使用拉格朗日插值函数对单元上某点的压力值进行拟合,表达式为

$$\overline{p} = \sum_{j=1}^{4} N_j \, \overline{p}_j \tag{5-47}$$

式中:N_j——基函数。

然后把式(5-47)代入平均雷诺方程(5-44)中,由于压力值为拟合所得,因此会产生残差 R^e,即

$$R^e = \frac{\partial}{\partial \bar{\alpha}} \Big[\phi_\alpha \frac{\bar{h}^3}{12} \frac{\partial}{\partial \bar{\alpha}} \Big(\sum_{j=1}^{4} N_j \, \bar{p}_j \Big) \Big] + \frac{\partial}{\partial \bar{\beta}} \Big[\phi_\beta \frac{\bar{h}^3}{12} \frac{\partial}{\partial \bar{\beta}} \Big(\sum_{j=1}^{4} N_j \, \bar{p}_j \Big) \Big]$$
$$- \frac{\Omega}{2} \frac{\partial \bar{h}_T}{\partial \bar{\alpha}} - \frac{\Omega}{2\Lambda} \frac{\partial \phi_s}{\partial \bar{\alpha}} - \frac{\partial \bar{h}_T}{\partial \tau} \qquad (5\text{-}48)$$

随后,采用伽辽金方法获得每个单元的方程,根据伽辽金方法的原理,基函数与残差的积分要最小,即为 0,即

$$\iint_{\Omega^e} N_j R^e \, \mathrm{d}\bar{\alpha} \mathrm{d}\bar{\beta} = 0 \qquad (5\text{-}49)$$

将式(5-49)展开并进行变换,可获得矩阵形式的有限单元格式的控制方程:

$$\bar{F} \bar{p} = \bar{Q} + \Omega \bar{R}_H + \bar{x} \bar{R}_x + \bar{z} \bar{R}_z \qquad (5\text{-}50)$$

其中每个单元的矩阵和列向量可表达为

$$\bar{F}^e_{ij} = \iint_{\Omega^e} \frac{\bar{h}^3}{12} \Big[\phi_\alpha \frac{\partial N_i}{\partial \bar{\alpha}} \frac{\partial N_j}{\partial \bar{\alpha}} + \phi_\beta \frac{\partial N_i}{\partial \bar{\beta}} \frac{\partial N_j}{\partial \bar{\beta}} \Big] \mathrm{d}\bar{\alpha} \mathrm{d}\bar{\beta}$$

$$\bar{Q}^e_i = \int_{\Gamma^e} \Big[\frac{\bar{h}^3}{12} \Big(\phi_\alpha \frac{\partial \bar{p}}{\partial \bar{\alpha}} + \phi_\beta \frac{\partial \bar{p}}{\partial \bar{\beta}} \Big) - \frac{\Omega}{2} \Big(\bar{h}_T + \frac{\phi_s}{\Lambda} \Big) \Big] N_i \mathrm{d}\Gamma^e$$

$$\bar{R}^e_{Hi} = \frac{1}{2} \iint_{\Omega^e} \Big(\bar{h}_T + \frac{\phi_s}{\Lambda} \Big) \frac{\partial N_i}{\partial \bar{\alpha}} \mathrm{d}\bar{\alpha} \mathrm{d}\bar{\beta} \qquad (5\text{-}51)$$

$$\bar{R}^e_{xi} = \frac{1}{2} \iint_{\Omega^e} \Big(1 + \mathrm{erf}\Big(\frac{\Lambda \bar{h}}{\sqrt{2}} \Big) \Big) N_i \cos \alpha \mathrm{d}\bar{\alpha} \mathrm{d}\bar{\beta}$$

$$\bar{R}^e_{zi} = \frac{1}{2} \iint_{\Omega^e} \Big(1 + \mathrm{erf}\Big(\frac{\Lambda \bar{h}}{\sqrt{2}} \Big) \Big) N_i \sin \alpha \mathrm{d}\bar{\alpha} \mathrm{d}\bar{\beta}$$

把每个单元的矩阵相加获得总矩阵后,可获得具体的矩阵形式为

$$\begin{bmatrix} \bar{F}_{11} & \bar{F}_{12} & \cdots & \bar{F}_{1j} & \cdots & \bar{F}_{1n} \\ \vdots & \vdots & \vdots & \vdots & \vdots & \vdots \\ \bar{F}_{i1} & \bar{F}_{i2} & \cdots & \bar{F}_{ij} & \cdots & \bar{F}_{in} \\ \vdots & \vdots & \vdots & \vdots & \vdots & \vdots \\ \bar{F}_{j1} & \bar{F}_{j2} & \cdots & \bar{F}_{jj} & \cdots & \bar{F}_{jn} \\ \vdots & \vdots & \vdots & \vdots & \vdots & \vdots \\ \bar{F}_{n1} & \bar{F}_{n2} & \cdots & \bar{F}_{nj} & \cdots & \bar{F}_{nn} \end{bmatrix} \begin{Bmatrix} \bar{p}_1 \\ \vdots \\ \bar{p}_i \\ \vdots \\ \bar{p}_j \\ \vdots \\ \bar{p}_n \end{Bmatrix} = \begin{Bmatrix} \bar{Q}_1 \\ \vdots \\ \bar{Q}_i \\ \vdots \\ \bar{Q}_j \\ \vdots \\ \bar{Q}_n \end{Bmatrix} + \Omega \begin{Bmatrix} \bar{R}_{H1} \\ \vdots \\ \bar{R}_{Hi} \\ \vdots \\ \bar{R}_{Hj} \\ \vdots \\ \bar{R}_{Hn} \end{Bmatrix} + \bar{x} \begin{Bmatrix} \bar{R}_{x1} \\ \vdots \\ \bar{R}_{xi} \\ \vdots \\ \bar{R}_{xj} \\ \vdots \\ \bar{R}_{xn} \end{Bmatrix} + \bar{z} \begin{Bmatrix} \bar{R}_{z1} \\ \vdots \\ \bar{R}_{zi} \\ \vdots \\ \bar{R}_{zj} \\ \vdots \\ \bar{R}_{zn} \end{Bmatrix}$$

$$(5\text{-}52)$$

压力可表达为 $\bar{p}_j = \bar{p}_j (\bar{x}, \bar{z}, \dot{\bar{x}}, \dot{\bar{z}})$,由于是在稳态状况下进行求解,因此 $\bar{p}_j = \bar{p}_j (\bar{x}, \bar{z}) = \bar{p}_{0j}$。然后,根据式(5-46)可以得到节点为小孔节流器时的流量,同时,由于只有供油孔处才有润滑油进入轴承间隙,因此其他节点处流量值均为 0。公式(5-52)可更新为

$$
\begin{bmatrix}
\overline{F}_{11} & \overline{F}_{12} & \cdots & \overline{F}_{1j} & \cdots & \overline{F}_{1n} \\
\vdots & \vdots & \vdots & \vdots & \vdots & \vdots \\
\overline{F}_{i1} & \overline{F}_{i2} & \cdots & \overline{F}_{ij} & \cdots & \overline{F}_{in} \\
\vdots & \vdots & \vdots & \vdots & \vdots & \vdots \\
\overline{F}_{j1} & \overline{F}_{j2} & \cdots & \overline{F}_{jj} & \cdots & \overline{F}_{jn} \\
\vdots & \vdots & \vdots & \vdots & \vdots & \vdots \\
\overline{F}_{n1} & \overline{F}_{n2} & \cdots & \overline{F}_{nj} & \cdots & \overline{F}_{nn}
\end{bmatrix}
\begin{bmatrix}
\overline{p}_{01} \\ \vdots \\ \overline{p}_{0i} \\ \vdots \\ \overline{p}_{0j} \\ \vdots \\ \overline{p}_{0n}
\end{bmatrix}
=
\begin{bmatrix}
0 \\ \vdots \\ 0 \\ \vdots \\ C_{s2}(1-\overline{p}_{0j})^{1/2} \\ \vdots \\ 0
\end{bmatrix}
+\Omega
\begin{bmatrix}
\overline{R}_{H1} \\ \vdots \\ \overline{R}_{Hi} \\ \vdots \\ \overline{R}_{Hj} \\ \vdots \\ \overline{R}_{Hn}
\end{bmatrix}
\tag{5-53}
$$

从式(5-53)可以看到,由于 $C_{s2}\sqrt{(1-\overline{p}_{0j})}$ 的存在,方程组为非线性的,因此需要使用牛顿-拉斐逊方法进行求解。

2. 牛顿-拉斐逊求解方法

牛顿-拉斐逊方法是求解非线性方程组常用的数值方法,现介绍如何应用牛顿-拉斐逊方法求解式(5-53)。

首先对每个节点的方程进行展开,n 个节点共有 n 个方程,每个方程用 $\overline{F}_i(i=1,2,\cdots,n)$ 表示,即

$$
\begin{cases}
\overline{F}_1 = \overline{F}_{11}\overline{p}_{01}+\cdots+\overline{F}_{1i}\overline{p}_{0i}+\cdots+\overline{F}_{1j}\overline{p}_{0j}+\cdots+\overline{F}_{1n}\overline{p}_{0n}-\overline{Q}_1-\Omega\overline{R}_{H1}=0 \\
\vdots \\
\overline{F}_i = \overline{F}_{i1}\overline{p}_{01}+\cdots+\overline{F}_{ii}\overline{p}_{0i}+\cdots+\overline{F}_{ij}\overline{p}_{0j}+\cdots+\overline{F}_{in}\overline{p}_{0n}-\overline{Q}_i-\Omega\overline{R}_{Hi}=0 \\
\vdots \\
\overline{F}_j = \overline{F}_{j1}\overline{p}_{01}+\cdots+\overline{F}_{ji}\overline{p}_{0i}+\cdots+(\overline{F}_{jj}\overline{p}_{0j}-\overline{Q}_R)+\cdots+\overline{F}_{jn}\overline{p}_{0n}-\Omega\overline{R}_{Hj}=0 \\
\vdots \\
\overline{F}_n = \overline{F}_{n1}\overline{p}_{01}+\cdots+\overline{F}_{ni}\overline{p}_{0i}+\cdots+\overline{F}_{nj}\overline{p}_{0j}+\cdots+\overline{F}_{nn}\overline{p}_{0n}-\overline{Q}_n-\Omega\overline{R}_{Hn}=0
\end{cases}
\tag{5-54}
$$

针对小孔节流器上的节点,将 $\Delta\overline{F}_{jj}\overline{p}_{0j}-\overline{Q}_R$ 赋值给 $\Delta\overline{F}_{jj}$ 并将其对压力进行求导,得

$$
\begin{cases}
\Delta\overline{F}_{jj}=\overline{F}_{jj}\overline{p}_{0j}-\overline{Q}_R \\
\left.\dfrac{\partial\Delta\overline{F}_{jj}}{\partial\overline{p}_{0j}}\right|_0=\overline{F}_{jj}-\left.\dfrac{\partial\overline{Q}_R}{\partial\overline{p}_{0j}}\right|_0=\overline{F}_{jj}-\dfrac{\overline{C}_{s2}}{2(1-\overline{p}_{0j})^{1/2}}
\end{cases}
\tag{5-55}
$$

现对 $\overline{F}_i(i=1\cdots n)$ 进行多元泰勒级数展开,并只保留一次项,可得

$$
\begin{cases}
\overline{F}_1|_0+\left.\dfrac{\partial\overline{F}_1}{\partial\overline{p}_{01}}\right|_0\Delta\overline{p}_1+\cdots+\left.\dfrac{\partial\overline{F}_1}{\partial\overline{p}_{0i}}\right|_0\Delta\overline{p}_i+\cdots+\left.\dfrac{\partial\overline{F}_1}{\partial\overline{p}_{0j}}\right|_0\Delta\overline{p}_j+\cdots+\left.\dfrac{\partial\overline{F}_1}{\partial\overline{p}_{0n}}\right|_0\Delta\overline{p}_n=0 \\
\vdots \\
\overline{F}_i|_0+\left.\dfrac{\partial\overline{F}_i}{\partial\overline{p}_{01}}\right|_0\Delta\overline{p}_1+\cdots+\left.\dfrac{\partial\overline{F}_i}{\partial\overline{p}_{0i}}\right|_0\Delta\overline{p}_i+\cdots+\left.\dfrac{\partial\overline{F}_i}{\partial\overline{p}_{0j}}\right|_0\Delta\overline{p}_j+\cdots+\left.\dfrac{\partial\overline{F}_i}{\partial\overline{p}_{0n}}\right|_0\Delta\overline{p}_n=0 \\
\vdots \\
\overline{F}_j|_0+\left.\dfrac{\partial\overline{F}_j}{\partial\overline{p}_{01}}\right|_0\Delta\overline{p}_1+\cdots+\left.\dfrac{\partial\overline{F}_j}{\partial\overline{p}_{0i}}\right|_0\Delta\overline{p}_i+\cdots+\left(\overline{F}_{jj}-\left.\dfrac{\partial\overline{Q}_R}{\partial\overline{p}_{0j}}\right|_0\right)\Delta\overline{p}_j+\cdots+\left.\dfrac{\partial\overline{F}_j}{\partial\overline{p}_{0n}}\right|_0\Delta\overline{p}_n=0 \\
\vdots \\
\overline{F}_n|_0+\left.\dfrac{\partial\overline{F}_n}{\partial\overline{p}_{01}}\right|_0\Delta\overline{p}_1+\cdots+\left.\dfrac{\partial\overline{F}_n}{\partial\overline{p}_{0i}}\right|_0\Delta\overline{p}_i+\cdots+\left.\dfrac{\partial\overline{F}_n}{\partial\overline{p}_{0j}}\right|_0\Delta\overline{p}_j+\cdots+\left.\dfrac{\partial\overline{F}_n}{\partial\overline{p}_{0n}}\right|_0\Delta\overline{p}_n=0
\end{cases}
\tag{5-56}
$$

其中 $\bar{F}_i|_0\,(i=1\cdots n)$ 为每一步迭代所获得的值，但此值并不满足收敛条件，因此需要通过方程(5-56)求得压力向量的步长 $\{\Delta\bar{p}_i\}\,(i=1,2,\cdots,n)$。方程(5-56)使用矩阵形式表达可得

$$
\begin{bmatrix}
\bar{F}_{11} & \bar{F}_{12} & \cdots & \bar{F}_{1j} & \cdots & \bar{F}_{1n} \\
\vdots & \vdots & \vdots & \vdots & \vdots & \vdots \\
\bar{F}_{i1} & \bar{F}_{i2} & \cdots & \bar{F}_{ij} & \cdots & \bar{F}_{in} \\
\vdots & \vdots & \vdots & \vdots & \vdots & \vdots \\
\bar{F}_{j1} & \bar{F}_{j2} & \cdots & \bar{F}_{jj}+D_1 & \cdots & \bar{F}_{jn} \\
\vdots & \vdots & \vdots & \vdots & \vdots & \vdots \\
\bar{F}_{n1} & \bar{F}_{n2} & \cdots & \bar{F}_{nj} & \cdots & \bar{F}_{nn}
\end{bmatrix}
\begin{bmatrix}
\Delta\bar{p}_1 \\ \vdots \\ \Delta\bar{p}_i \\ \vdots \\ \Delta\bar{p}_j \\ \vdots \\ \Delta\bar{p}_n
\end{bmatrix}
$$

$$
=\begin{bmatrix}
\bar{Q}_{10} \\ \vdots \\ \bar{Q}_{i0} \\ \vdots \\ \bar{Q}_{R0} \\ \vdots \\ \bar{Q}_{n0}
\end{bmatrix}
+\Omega
\begin{bmatrix}
\bar{R}_{H1} \\ \vdots \\ \bar{R}_{Hi} \\ \vdots \\ \bar{R}_{Hj} \\ \vdots \\ \bar{R}_{Hn}
\end{bmatrix}
-\begin{bmatrix}
\bar{F}_{11} & \bar{F}_{12} & \cdots & \bar{F}_{1j} & \cdots & \bar{F}_{1n} \\
\vdots & \vdots & \vdots & \vdots & \vdots & \vdots \\
\bar{F}_{i1} & \bar{F}_{i2} & \cdots & \bar{F}_{ij} & \cdots & \bar{F}_{in} \\
\vdots & \vdots & \vdots & \vdots & \vdots & \vdots \\
\bar{F}_{j1} & \bar{F}_{j2} & \cdots & \bar{F}_{jj} & \cdots & \bar{F}_{jn} \\
\vdots & \vdots & \vdots & \vdots & \vdots & \vdots \\
\bar{F}_{n1} & \bar{F}_{n2} & \cdots & \bar{F}_{nj} & \cdots & \bar{F}_{nn}
\end{bmatrix}
\begin{bmatrix}
\bar{p}_{01} \\ \vdots \\ \bar{p}_{0i} \\ \vdots \\ \bar{p}_{0j} \\ \vdots \\ \bar{p}_{0n}
\end{bmatrix}
\tag{5-57}
$$

式中：

$$
D_1=\frac{\bar{C}_{s2}}{2\,(1-\bar{p}_{0j})^{1/2}}
\tag{5-58}
$$

当获得 $\{\Delta\bar{p}_i\}\,(i=1,2,\cdots,n)$ 后，利用式(5-59)修正压力向量，直至符合收敛条件式(5-60)，最终获得符合条件的压力分布。

$$
\{\bar{p}_0\}^{(m+1)}=\{\bar{p}_0\}^{(m)}+\{\Delta\bar{p}_0\}^{(m)}
\tag{5-59}
$$

$$
R_{p_0}=|\{\Delta\bar{p}_0\}^{(m)}|/\{\bar{p}_0\}^{(m)}\leqslant 10^{-5}
\tag{5-60}
$$

3. 平衡位置求解

为对比不同粗糙表面在固定外载荷 $\bar{W}_0$ 下的静动态特性，寻找不同条件下轴的平衡位置十分重要。现通过以下方法求解轴的平衡位置。

首先，在求解得到某位置的压力分布后，利用式(5-61)求出 x 和 z 方向上的油膜力。

$$
\begin{cases}
\bar{F}_x=-\displaystyle\int_{-\lambda}^{\lambda}\int_0^{2\pi}\bar{p}\cos\alpha\,\mathrm{d}\alpha\mathrm{d}\beta \\[2mm]
\bar{F}_z=-\displaystyle\int_{-\lambda}^{\lambda}\int_0^{2\pi}\bar{p}\sin\alpha\,\mathrm{d}\alpha\mathrm{d}\beta
\end{cases}
\tag{5-61}
$$

现假设只在 z 方向上有不变的外载荷 $\bar{W}_0$，根据受力情况得

$$
\begin{cases}
\bar{F}_x=0 \\
\bar{F}_z-\bar{W}_0=0
\end{cases}
\tag{5-62}
$$

在轴静态情况下,对方程(5-50)两端分别对 $\bar{x}_\mathrm{J}$ 和 $\bar{z}_\mathrm{J}$ 求导,可得

$$\bar{\boldsymbol{F}}\frac{\partial \bar{\boldsymbol{p}}}{\partial \bar{x}_\mathrm{J}}=\frac{\partial \bar{\boldsymbol{Q}}}{\partial \bar{x}_\mathrm{J}}+\Omega\frac{\partial \bar{\boldsymbol{R}}_\mathrm{H}}{\partial \bar{x}_\mathrm{J}}-\frac{\partial \bar{\boldsymbol{F}}}{\partial \bar{x}_\mathrm{J}}\bar{\boldsymbol{p}}$$

$$\bar{\boldsymbol{F}}\frac{\partial \bar{\boldsymbol{p}}}{\partial \bar{z}_\mathrm{J}}=\frac{\partial \bar{\boldsymbol{Q}}}{\partial \bar{z}_\mathrm{J}}+\Omega\frac{\partial \bar{\boldsymbol{R}}_\mathrm{H}}{\partial \bar{z}_\mathrm{J}}-\frac{\partial \bar{\boldsymbol{F}}}{\partial \bar{z}_\mathrm{J}}\bar{\boldsymbol{p}}$$

(5-63)

同样利用牛顿-拉斐逊方法求出 $\partial \bar{\boldsymbol{p}}/\partial \bar{x}_\mathrm{J}$ 和 $\partial \bar{\boldsymbol{p}}/\partial \bar{z}_\mathrm{J}$,然后对这两项分别进行积分,可以求得刚度 $\bar{S}_{xx}$、$\bar{S}_{xz}$、$\bar{S}_{zx}$、$\bar{S}_{zz}$。

$$\begin{cases} \bar{S}_{xx}=-\dfrac{\partial \bar{F}_x}{\partial \bar{x}_\mathrm{J}}=\displaystyle\int_{-\lambda}^{\lambda}\int_{0}^{2\pi}\dfrac{\partial \bar{p}}{\partial \bar{x}_\mathrm{J}}\cos\alpha\,\mathrm{d}\alpha\mathrm{d}\beta \\[4mm] \bar{S}_{xz}=-\dfrac{\partial \bar{F}_x}{\partial \bar{z}_\mathrm{J}}=\displaystyle\int_{-\lambda}^{\lambda}\int_{0}^{2\pi}\dfrac{\partial \bar{p}}{\partial \bar{z}_\mathrm{J}}\cos\alpha\,\mathrm{d}\alpha\mathrm{d}\beta \\[4mm] \bar{S}_{zx}=-\dfrac{\partial \bar{F}_z}{\partial \bar{x}_\mathrm{J}}=\displaystyle\int_{-\lambda}^{\lambda}\int_{0}^{2\pi}\dfrac{\partial \bar{p}}{\partial \bar{x}_\mathrm{J}}\sin\alpha\,\mathrm{d}\alpha\mathrm{d}\beta \\[4mm] \bar{S}_{zz}=-\dfrac{\partial \bar{F}_z}{\partial \bar{z}_\mathrm{J}}=\displaystyle\int_{-\lambda}^{\lambda}\int_{0}^{2\pi}\dfrac{\partial \bar{p}}{\partial \bar{z}_\mathrm{J}}\sin\alpha\,\mathrm{d}\alpha\mathrm{d}\beta \end{cases}$$

(5-64)

对平衡方程(5-62)进行泰勒级数展开并只保留一次项,可得

$$\begin{bmatrix} \bar{S}_{xx}\big|_i & \bar{S}_{xz}\big|_i \\ \bar{S}_{zx}\big|_i & \bar{S}_{zz}\big|_i \end{bmatrix}\begin{bmatrix} \Delta\bar{x}_\mathrm{J}\big|_i \\ \Delta\bar{z}_\mathrm{J}\big|_i \end{bmatrix}=-\begin{bmatrix} \bar{F}_x\big|_i \\ \bar{F}_z\big|_i-\bar{W}_0 \end{bmatrix}$$

(5-65)

然后求解以上方程得到 $\Delta\bar{x}_\mathrm{J}\big|_i$ 和 $\Delta\bar{z}_\mathrm{J}\big|_i$,根据修正公式(5-66)对轴位置进行更新,当满足收敛条件式(5-67)时,则可认为获得了平衡状态下的轴心位置。

$$\begin{cases} \bar{x}_\mathrm{J}\big|_{i+1}=\bar{x}_\mathrm{J}\big|_i+\Delta\bar{x}_\mathrm{J}\big|_i \\ \bar{y}_\mathrm{J}\big|_{i+1}=\bar{y}_\mathrm{J}\big|_i+\Delta\bar{y}_\mathrm{J}\big|_i \end{cases}$$

(5-66)

$$\frac{\left[(\Delta\bar{x}_\mathrm{J}\big|_i)^2+(\Delta\bar{z}_\mathrm{J}\big|_i)^2\right]^{1/2}}{\left[(\bar{x}_\mathrm{J}\big|_i)^2+(\bar{z}_\mathrm{J}\big|_i)^2\right]^{1/2}}<1\times10^{-5}$$

(5-67)

4. 计算流程

图 5-11 所示为求解在固定载荷下的轴心平衡位置的流程,其中应用的软件为 Matlab R2014a,主要计算步骤如下:

(1) 将油膜展开并进行四节点等参单元网格划分,网格数为 73×21,共 1533 个网格,确定长宽比 λ、节流器到轴承端部的距离 $\bar{a}_\mathrm{b}$、节流系数 $\bar{C}_{s2}$、速度系数 Ω、固定外载荷 $\bar{W}_0$、粗糙表面大小参数 Λ,并随机设置初始轴心位置 $(\bar{x}_\mathrm{J},\bar{y}_\mathrm{J})$。

(2) 判断是粗糙表面还是光滑表面,若为光滑表面,则直接按照式(5-36)计算名义油膜厚度 $\bar{h}$;若为粗糙表面,则先根据式(5-43)计算平均油膜厚度 $\bar{h}_\mathrm{T}$,然后根据粗糙表面特征参数 γ,按照式(5-33)计算压力流量因子 ϕ_α、ϕ_β,再按照式(5-36)计算名义油膜厚度 $\bar{h}$。

(3) 利用前文介绍的有限元方法计算油膜压力分布,当满足收敛条件式(5-60)时,就可获得该轴心位置下的压力分布。

(4) 按照式(5-61)和式(5-64)计算油膜力和刚度。

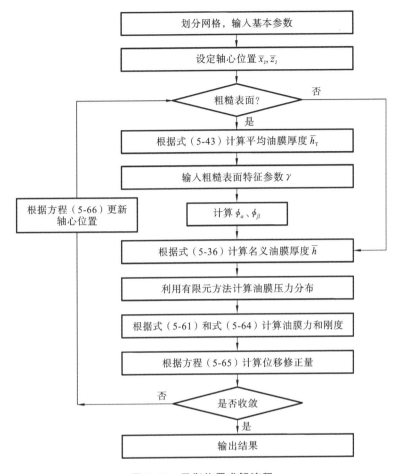

图 5-11　平衡位置求解流程

（5）根据方程(5-65)计算位移的修正量，若满足收敛条件式(5-67)，则可认为得到在固定外载荷 $\overline{W}_0$ 下的平衡位置，然后转到步骤(6)，若不满足收敛条件，则根据方程(5-66)更新轴心位置，然后返回步骤(2)。

（6）输出结果，包括平衡位置、油膜力、刚度、阻尼、稳定速度等。

5. 算法正确性验证

为验证使用有限元方法求解雷诺方程的正确性，现与文献[20]和文献[15]分别进行了对比，图 5-12(a)显示了在相同条件下，将使用自主编制的程序计算获得的结果和文献结果进行对比，二者具有很好的一致性，从而证明考虑粗糙表面时利用本算法计算动压轴承特性的正确性，同理，图 5-12(b)验证了本算法在光滑状态下计算静压轴承特性的正确性。经过以上结果的对比，能够得出本算法是正确的的结论。

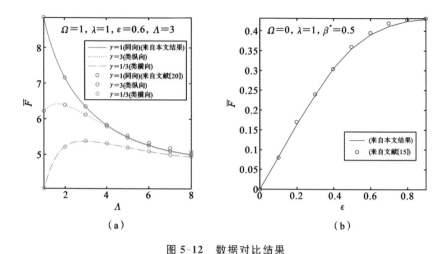

图 5-12 数据对比结果

(a) 与文献[20]的图 4 动压数据对比；(b) 与文献[15]的静压数据对比

5.2 高斯分布粗糙表面对孔入式液体 静压径向轴承静动态特性的影响

应用有限元数值方法求解修正后的雷诺方程(5-44)，然后利用平衡方程寻找固定外载荷下的平衡位置并获得相应的压力分布，根据平衡位置和压力分布求解最小油膜厚度、流量、刚度、阻尼和临界转速。本节选取了三种高斯分布的粗糙表面——同向表面($\gamma=1$)、类横向表面($\gamma=1/6$)和类纵向表面($\gamma=6$)进行分析，首先分析长宽比对考虑粗糙表面的孔入式液体静压径向轴承承载力的影响，然后分析表面粗糙度大小对孔入式液体静压径向轴承承载力的影响，最后分析粗糙表面对孔入式液体静压径向轴承静动态特性(最小油膜厚度、流量、刚度、阻尼和临界转速)的影响。

5.2.1 长宽比对考虑粗糙表面的孔入式液体静压径向轴承承载力 的影响分析

图 5-13 所示反映了在速度系数 $\Omega=1$、偏心率为 0.2 和节流系数为 0.21 的条件下长宽比($1.25 \geqslant \lambda \geqslant 0.75$)对孔入式液体静压径向轴承承载力的影响。可以看出，所有粗糙表面均具有提高承载力的作用，其原因是在粗糙表面情况下润滑油的流动更为困难，可以提高承载力，同时润滑油只能通过轴承端排出，类纵向表面阻碍了润滑油的流动，所以类纵向表面提高承载力的效果最明显。随着长宽比 λ 的增大，承载力也增大，且表面粗糙度的影响更加明显。其中，类纵向表面($\gamma=6$)对承载力的影响最大，同向表面($\gamma=1$)次之，类横向表面($\gamma=1/6$)影响最小。当 $\lambda=0.75$ 时，类纵向表面使光滑情况下的承载力由 0.4957 提高到 0.6178，提高幅度达 24.6%，而同向表

面则在 $\lambda = 1.25$ 时能使承载力提高 15.5%,同时,类横向表面则使承载力提高 11.4%。另外,值得注意的是,当 $\lambda \leqslant 0.85$ 时,类横向粗糙表面($\gamma = 1/6$)的影响基本可以忽略不计。

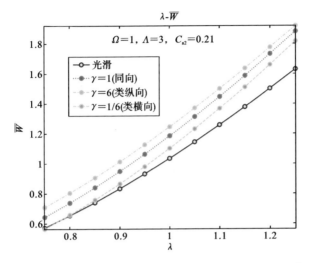

图 5-13　长宽比对孔入式液体静压径向轴承承载力的影响(偏心率 $\varepsilon = 0.2$)

5.2.2　表面粗糙度大小对孔入式液体静压径向轴承承载力的影响分析

图 5-14 所示反映了在速度系数为 1、长宽比为 1 和节流系数为 0.2 的条件下表面粗糙度大小($10 \geqslant \Lambda \geqslant 2$)对孔入式液体静压径向轴承承载力的影响。可以看出,表面粗糙度越小,即 $\Lambda = h_0/\sigma$ 越大,表面粗糙度的影响越不明显,特别是当标准差大概

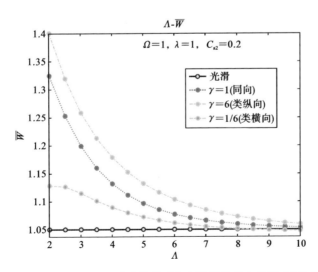

图 5-14　表面粗糙度大小对孔入式液体静压径向轴承承载力的影响(偏心率 $\varepsilon = 0.2$)

为半径间隙的 1/10，即 $\Lambda=10$ 时。其中，类纵向表面($\gamma=6$)对承载力的影响最大，同向表面($\gamma=1$)次之，类横向表面($\gamma=1/6$)影响最小。当 $\Lambda=2$ 时，粗糙表面对承载力具有十分明显的影响，类纵向表面使光滑情况下的承载力由 1.05 提高到 1.4，提高幅度达 33.3%，而同向表面则能使承载力提高 26.2%，同时，类横向表面则使承载力提高 8.1%。另外，值得注意的是，当 $\Lambda \geqslant 6$ 时，类横向表面的影响基本可以忽略不计。

图 5-15 反映了不同粗糙表面对压力分布的影响，由于修正雷诺方程时采用的是统计学方法，因此粗糙表面没有改变整体的压力分布，但最大压力值有较明显的改变，粗糙表面均使最大压力值提高了，其中光滑表面情况下最大压力值为 0.9716，而类纵向表面情况下的最大压力值为 1.1309，最大压力值提高了 16.4%，同时类横向表面对压力的影响并不明显。

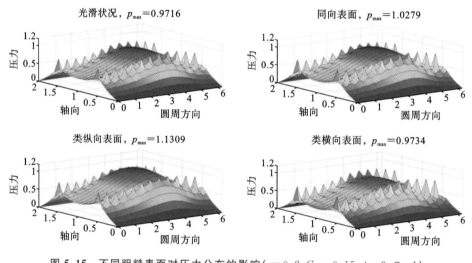

图 5-15 不同粗糙表面对压力分布的影响($\varepsilon=0.2$，$C_{e2}=0.15$，$\Lambda=3$，$\Omega=1$)

5.2.3 粗糙表面对孔入式液体静压径向轴承静动态特性的影响分析

为研究粗糙表面对孔入式液体静压径向轴承的影响，本小节在外载荷固定即 $\overline{W}_0=1.0$、不同节流系数的情况下，分析光滑表面、同向表面($\gamma=1$)、类纵向表面($\gamma=6$)和类横向表面($\gamma=1/6$)对孔入式液体静压径向轴承最小油膜厚度 $\overline{h}_{\min}$，流量 $\overline{Q}$，刚度 $\overline{S}_{xx}$、$\overline{S}_{yx}$、$\overline{S}_{xy}$、$\overline{S}_{yy}$，阻尼 $\overline{D}_{xx}$、$\overline{D}_{yx}$、$\overline{D}_{xy}$、$\overline{D}_{yy}$ 和临界转速($\overline{\omega}_{\text{th}}$)的影响。速度系数 $\Omega=1.0$，长宽比 $\lambda=1$，粗糙表面参数 $\Lambda=3$，节流系数 $C_{s2}=0.05 \sim 0.29$。

1. 最小油膜厚度

最小油膜厚度($\overline{h}_{\min}$)能够确保轴在转动时处于全润滑状态，且有利于润滑油的流入和流出，从而减小温升，避免轴发生抱死而被烧伤烧坏。最小油膜厚度越大，轴与轴承发生干摩擦或者边界摩擦的概率越小，轴的性能才能得到保证。如图 5-16 所示,粗糙表面在不同节流系数下,对最小油膜厚度 $\bar{h}_{\min}$ 具有很大的影响。随着节流系数 C_{s2} 的增大,光滑表面、同向表面($\gamma=1$)、类纵向表面($\gamma=6$)和类横向表面($\gamma=1/6$)情况下最小油膜厚度均减小,且在粗糙表面润滑情况下最小油膜厚度均比光滑情况下的大,其中类纵向表面具有最大的最小油膜厚度,然后为同向表面,类横向表面对提高最小油膜厚度的效果最小。可以看出,节流系数越大,粗糙表面对提高最小油膜厚度的效果越明显,当节流系数为 $C_{s2}=0.29$ 时,类纵向表面($\gamma=6$)与相同条件下的光滑状态相比,能使最小油膜厚度提高 4.7%,而当 $C_{s2}=0.05$ 时,仅能提高 2.7%。

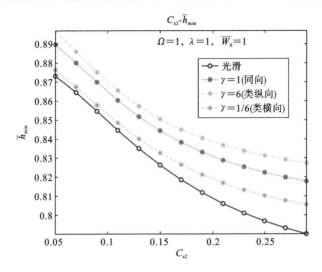

图 5-16 粗糙表面对孔入式液体静压径向轴承最小油膜厚度的影响

2. 流量

流量 $\bar{Q}$ 是孔入式液体静压径向轴承的一个重要参数,其为 24 个节流孔流量叠加所得的总流量,反映了供油泵的技术要求。从图 5-17 可看出,在所取的节流系数范围内($C_{s2}=0.05\sim0.29$),粗糙表面对流量具有明显的影响,使流量降低,其原因是粗糙表面阻碍了润滑油的流动。随着节流系数 C_{s2} 的增大,流量相应增大,同时粗糙表面对流量的影响也更加明显。不难看出,类纵向表面对流量具有非常突出的影响,特别是当节流系数较大时,例如当 $C_{s2}=0.29$ 时,类纵向表面情况下流量为 1.0648,而同等条件光滑情况下流量 1.5405,减幅达 30.88%,而同向情况相对类纵向表面流量减幅有所降低,但同样达到 15.20%,类横向表面对流量的影响很小,减幅仅为 1.28%,基本可以忽略不计。

3. 刚度

轴在转动时受变化的外载荷作用会产生位移,而在油膜作用下能抵抗这种载荷而消除位移,这种能力用刚度来衡量。在二自由度坐标系下,油膜刚度可分为 $\bar{S}_{xx}$、$\bar{S}_{xy}$、$\bar{S}_{yx}$、$\bar{S}_{yy}$,下面分析不同粗糙表面在不同节流系数下对孔入式液体静压径向轴承刚度的影响。

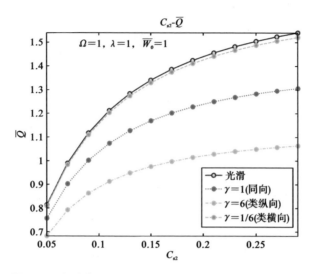

图 5-17　粗糙表面对孔入式液体静压径向轴承流量的影响

图 5-18 反映了在所取的节流系数范围内($C_{s2}=0.05\sim0.29$)粗糙表面对刚度 $\overline{S}_{xx}$ 的影响。可以看出,随着节流系数的增大,刚度 $\overline{S}_{xx}$ 减小。类纵向表面($\gamma=6$)在所选取的节流系数范围内均有提高刚度 $\overline{S}_{xx}$ 的作用,且当节流系数 $C_{s2}=0.05$ 或 0.29 时,提高幅度较大,增幅达 27.8%。同向表面($\gamma=1$)对刚度 $\overline{S}_{xx}$ 的影响较为复杂,在 $C_{s2}=0.05\sim0.09$ 之间,同向表面($\gamma=1$)有提高刚度 $\overline{S}_{xx}$ 的作用,而在 $C_{s2}=0.09\sim0.29$ 之间,却会使刚度 $\overline{S}_{xx}$ 降低。类横向表面($\gamma=1/6$)在所选取的节流系数范围内会使刚度 $\overline{S}_{xx}$ 明显降低,且随着节流系数的增大,影响增大,最大降幅可达 70.7%。

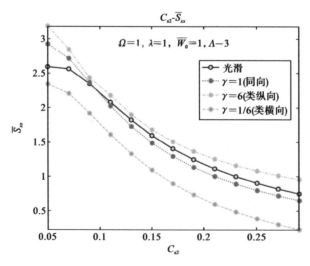

图 5-18　粗糙表面对孔入式液体静压径向轴承刚度 $\overline{S}_{xx}$ 的影响

图 5-19 反映了在所取的节流系数范围内($C_{s2}=0.05\sim0.29$)粗糙表面对刚度

$\overline{S}_{xy}$ 的影响。可以看出，随着节流系数的增大，刚度 $\overline{S}_{xy}$ 减小，且不同粗糙表面均对刚度 $\overline{S}_{xy}$ 有明显的影响，均能提高刚度 $\overline{S}_{xy}$。其中，类纵向表面($\gamma=6$)提升效果最明显，同向表面($\gamma=1$)次之，类横向表面($\gamma=1/6$)最弱。类纵向表面($\gamma=6$)在节流系数 $C_{s2}=0.05$ 的情况下，相对光滑表面可以使刚度 $\overline{S}_{xy}$ 提高 23.3%，同向表面($\gamma=1$)在节流系数 $C_{s2}=0.29$ 时，可以使刚度提高 16.3%，而类横向表面($\gamma=1/6$)最大只能提高 9.6%。

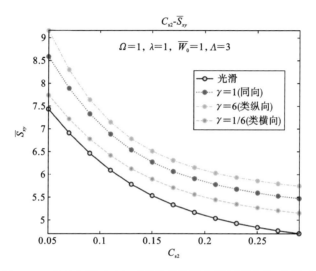

图 5-19　粗糙表面对孔入式液体静压径向轴承刚度 $\overline{S}_{xy}$ 的影响

图 5-20 反映了在所取的节流系数范围内($C_{s2}=0.05\sim0.29$)粗糙表面对轴承刚度 $\overline{S}_{yx}$ 的影响。可以看出，若不考虑正负号，随着节流系数的增大，刚度 $\overline{S}_{yx}$ 减小，不

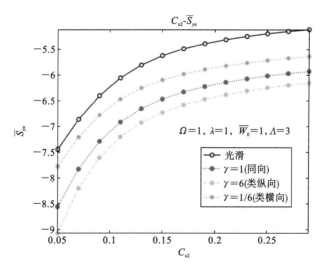

图 5-20　粗糙表面对孔入式液体静压径向轴承刚度 $\overline{S}_{yx}$ 的影响

同粗糙表面对刚度 $\bar{S}_{yx}$ 有明显的影响,均能提高刚度 $\bar{S}_{yx}$。以下讨论不考虑正负号。类纵向表面($\gamma=6$)提升效果最强,同向表面($\gamma=1$)次之,类横向表面($\gamma=1/6$)最弱。类纵向表面($\gamma=6$)在节流系数 $C_{s2}=0.05$ 的情况下,相对光滑表面可以使刚度 $\bar{S}_{yx}$ 提高 21.8%,同向表面($\gamma=1$)在节流系数 $C_{s2}=0.29$ 时,可以使刚度提高 16.0%,而类横向表面($\gamma=1/6$)最大只能使刚度提高 10.2%。

图 5-21 反映了在所取的节流系数范围内($C_{s2}=0.05\sim0.29$)粗糙表面对刚度 $\bar{S}_{yy}$ 的影响。可以看出,影响关系和粗糙表面对刚度 $\bar{S}_{xx}$ 的影响较为相似。随着节流系数的增大,刚度 $\bar{S}_{yy}$ 减小。类纵向表面($\gamma=6$)在所选取的节流系数范围内对刚度 $\bar{S}_{yy}$ 的影响较为复杂,当节流系数 $C_{s2}=0.05\sim0.11$ 时,粗糙表面具有提高刚度 $\bar{S}_{yy}$ 的作用,增幅达 23.0%,而当节流系数 $C_{s2}=0.11\sim0.21$ 时,则起到降低刚度 $\bar{S}_{yy}$ 的作用,当 $C_{s2}=0.21\sim0.29$ 时,则又有提升刚度的作用。同向表面($\gamma=1$)对刚度 $\bar{S}_{yy}$ 的影响也较为复杂,在 $C_{s2}=0.05\sim0.11$ 之间,同向表面($\gamma=1$)有提高刚度 $\bar{S}_{yy}$ 的作用,而在 $C_{s2}=0.11\sim0.30$ 时,却具有降低刚度的作用。类横向表面($\gamma=1/6$)在所选取的节流系数范围内对刚度 $\bar{S}_{yy}$ 具有很明显的影响,且随着节流系数的增大,影响增大,最大降幅可达 66.2%。

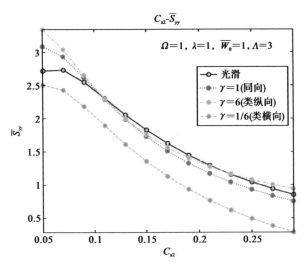

图 5-21　粗糙表面对孔入式液体静压径向轴承刚度 $\bar{S}_{yy}$ 的影响

4. 阻尼

阻尼是孔入式液体静压径向轴承的一个重要参数,反映了主轴衰减自由振荡的能力。现分析在不同节流系数下,粗糙表面对阻尼 $\bar{D}_{xx}$、$\bar{D}_{xy}$、$\bar{D}_{yx}$、$\bar{D}_{yy}$ 的影响。

$\bar{D}_{xx}$ 反映了 x 方向上的外载荷对 x 方向上速度的影响。如图 5-22 所示,节流系数和粗糙表面均对阻尼 $\bar{D}_{xx}$ 具有重要的影响。随着节流系数的增大,无论在何种粗糙表面下,阻尼 $\bar{D}_{xx}$ 均下降,节流系数越大,下降速度越慢。从图 5-22 可看出,同向表面($\gamma=1$)、类纵向表面($\gamma=6$)及类横向表面($\gamma=1/6$)在所选取的节流系数范围内

均对阻尼 $\overline{D}_{xx}$ 具有较大影响。其中类纵向表面 ($\gamma=6$) 的影响最为突出，当节流系数为 $C_{s2}=0.05$ 时，提升的幅度达 22.22%，在节流系数为 $C_{s2}=0.29$ 时，提升幅度达 21.30%。同样，对于同向表面 ($\gamma=1$)，其提升阻尼 $\overline{D}_{xx}$ 的幅度在所选取的节流系数范围内均高于 13.68%，最大可达 16.12%。影响最小的为类横向表面 ($\gamma=1/6$)，随着节流系数的增大，其影响越大，当节流系数 $C_{s2}=0.05$ 时，提升幅度仅为 4.32%，而当节流系数 $C_{s2}=0.29$ 时，提升幅度为 10.00%。

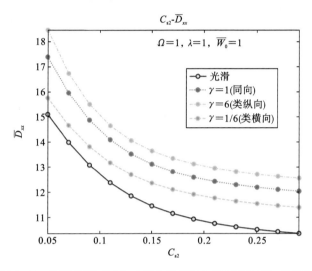

图 5-22　粗糙表面对孔入式液体静压径向轴承阻尼 $\overline{D}_{xx}$ 的影响

$\overline{D}_{xy}$ 和 $\overline{D}_{yx}$ 分别反映了 x 方向上的外载荷对 y 方向上速度的影响，以及 y 方向上的外载荷对 x 方向上速度的影响，两者在相同条件下数值相等，即 $\overline{D}_{xy}=\overline{D}_{yx}$。从图 5-23 得出虽然粗糙表面对阻尼 $\overline{D}_{xy}$ 和 $\overline{D}_{yx}$ 有一定的影响，但阻尼 $\overline{D}_{xy}$ 和 $\overline{D}_{yx}$ 主要取决于节流系数 C_{s2}，无论在哪种粗糙表面下，阻尼 $\overline{D}_{xy}$ 和 $\overline{D}_{yx}$ 都随着节流系数 C_{s2} 的增大先增大再减小然后再增大。当节流系数 C_{s2} 为 0.11 时，粗糙表面对阻尼 $\overline{D}_{xy}$ 和 $\overline{D}_{yx}$ 影响较小。当节流系数 C_{s2} 小于 0.10 时，类纵向表面 ($\gamma=6$) 和同向表面 ($\gamma=1$) 均可以使阻尼 $\overline{D}_{xy}$ 和 $\overline{D}_{yx}$ 提高，同时类横向表面 ($\gamma=1/6$) 相比光滑表面阻尼 $\overline{D}_{xy}$ 和 $\overline{D}_{yx}$ 减小。当 $0.21 \geqslant C_{s2} \geqslant 0.15$ 时，类横向表面 ($\gamma=1/6$) 使阻尼增大，而类纵向表面 ($\gamma=6$) 与同向表面 ($\gamma=1$) 均使阻尼降低。当 $C_{s2} \geqslant 0.21$ 时，同向表面有利于提高阻尼 $\overline{D}_{xy}$ 和 $\overline{D}_{yx}$。

$\overline{D}_{yy}$ 反映了 y 方向上的外载荷对 y 方向上速度的影响。如图 5-24 所示，节流系数 C_{s2} 和粗糙表面类型对阻尼 $\overline{D}_{yy}$ 均具有不可忽略的影响。随着节流系数 C_{s2} 的增大，光滑表面、同向表面、类纵向表面和类横向表面条件下的阻尼 $\overline{D}_{yy}$ 均减小。粗糙表面相对光滑表面均能使阻尼 $\overline{D}_{yy}$ 提高，其中类纵向表面的提高作用最为突出，其次为同向表面，最后为类横向表面。在所选取的节流系数范围内，粗糙表面的影响效果变化不大。对于类纵向粗糙表面，当节流系数 C_{s2} 为 0.05 时，相对光滑表面能使阻尼提高 22.58%。

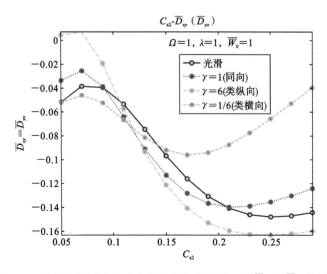

图 5-23　粗糙表面对孔入式液体静压径向轴承阻尼 $\overline{D}_{yx}$ 和 $\overline{D}_{xy}$ 的影响

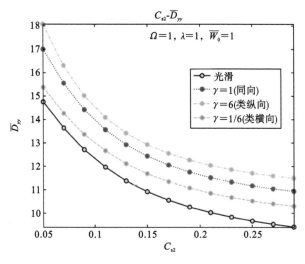

图 5-24　粗糙表面对孔入式液体静压径向轴承阻尼 $\overline{D}_{yy}$ 的影响

5. 临界转速

　　油膜稳定性是孔入式液体静压径向轴承动态性能中的一项重要标志,油膜振荡是半速涡动频率等于系统的自振频率时的一种非线性失稳现象,因瞬态分析计算轴心轨迹烦琐且费时,故通常以开始发生半速涡动时的线性失稳为界限,把这时的界限转速定为失稳转速。

　　图 5-25 反映了在所取的节流系数范围内($C_{s2}=0.05\sim0.29$)粗糙表面对临界转速 $\overline{\omega}_{\text{th}}$ 的影响。可以看出,影响关系和粗糙表面对 $\overline{S}_{yy}$ 的影响较为相似。随着节流系数的增大,临界转速 $\overline{\omega}_{\text{th}}$ 减小。类纵向表面($\gamma=6$)在所选取的节流系数范围内对临界

转速 $\bar{\omega}_{\text{th}}$ 的影响较为复杂,当系数 $C_{s2}=0.05\sim0.11$ 时,粗糙表面对临界转速 $\bar{\omega}_{\text{th}}$ 具有提高的作用,增幅达 10.9%,而当系数 $C_{s2}=0.11\sim0.21$ 时,则会降低临界转速 $\bar{\omega}_{\text{th}}$,当 $C_{s2}=0.21\sim0.29$ 时,则又会提高临界转速。同向表面($\gamma=1$)对临界转速 $\bar{\omega}_{\text{th}}$ 的影响也较为复杂,在 $C_{s2}=0.05\sim0.11$ 之间,同向表面($\gamma=1$)有提高临界转速 $\bar{\omega}_{\text{th}}$ 的作用,而在 $C_{s2}=0.11\sim0.29$ 时,却具有降低临界转速的作用。类横向表面($\gamma=1/6$)在所选取的节流系数范围内会很明显地降低临界转速 $\bar{\omega}_{\text{th}}$,且随着节流系数的增大,影响越大,最大降幅可达 18.8%。

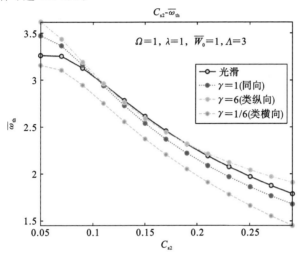

图 5-25　粗糙表面对孔入式液体静压径向轴承临界转速的影响

5.3　非高斯分布粗糙表面对孔入式液体 静压径向轴承静动态特性的影响

1967 年,学者 Peklenik 研发了一套专用设备来测量零件表面,发现大部分粗糙表面并非严格服从高斯分布,表现出类似高斯分布的"钟形",却在细节上有所不同,例如呈现出非对称性、矮峰或尖峰,如图 5-26 所示。但由于当时计算机的普及范围和计算能力非常有限,很多学者在研究粗糙表面时均采用简单且计算量要求低的高斯分布作为假设条件。随着技术的进步及计算机大规模民用化,一些学者发现由磨削、电火花、电解加工等精密加工方法获得的粗糙表面并非严格服从高斯分布。韩国学者 Kim 指出,车削、刨削和放电加工所形成的粗糙表面具有正偏度(高斯分布偏度为 0,即对称分布),珩磨和铣削获得的粗糙表面具有负偏度和高峰度(高斯分布峰度为 3)。因此,为了更加精确地求解粗糙表面对孔入式液体静压径向轴承的影响,必须考虑实际粗糙表面分布并提出基于类高斯分布的粗糙表面分析模型,修正原有的理论,获得更为准确的数据。

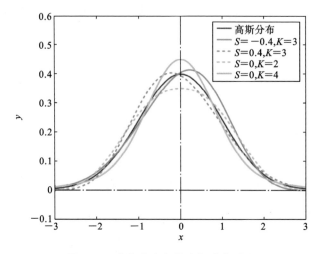

图 5-26　高斯分布与类高斯分布对比

5.3.1　非高斯分布粗糙表面模型分析

对于一个未知的类高斯分布粗糙表面,可以假设其某一点的粗糙高度为 δ,其分布假设为 $g(\delta)$。由于 δ 的均值 m_δ 和标准差 σ_δ 未知,可以采用式(5-68)对 δ 进行标准化使其更加简洁,然后可以把变量 z 作为主要的讨论对象。

$$z = (\delta - m_\delta)/\sigma_\delta \tag{5-68}$$

变量 z 所服从的概率密度函数并未确定,可以假设其概率密度函数为

$$f(z) = p_n(z)\varphi(z) \tag{5-69}$$

式中:$\varphi(z)$——标准化的高斯分布(均值为 0,标准差为 1),如方程(5-70)所示。

修正函数 $p_n(z)$ 是具有和 $f(z)$ 相同一阶中心距的函数,这样可以确保 $f(z)$ 具有类似高斯分布的性质,例如"钟形"分布,不同的偏度和峰度以及 99.7% 的 z 分布在正负三倍的标准差范围内。

$$\varphi(z) = \frac{1}{\sqrt{2\pi}} e^{-z^2/2} \tag{5-70}$$

为了更加全面地描述 z 服从的概率密度函数,还需要引入一到四阶中心距,中心距的表达式为

$$\mu_n = \int_{-\infty}^{\infty} (z - m_z)^n f(z) \mathrm{d}z \tag{5-71}$$

式中:m_z——粗糙高度 z 的均值。

不难看出一阶中心距 $\mu_1 = 0$,而二阶中心距等于标准差,由于 z 经过了标准化,故可得如下方程:

$$\sigma_z = \sqrt{\mu_2} = 1 \tag{5-72}$$

为了描述非高斯分布的特性,需要引入偏度(S)和峰度(K)两个参数,根据统计

学原理,偏度和峰度的定义为式(5-73)。偏度主要衡量随机变量的概率密度分布函数的不对称性,如图5-26所示,当 $S=0$ 时,概率密度分布函数以 $x=0$ 为中心线对称分布,即具有完全相同的凹槽和尖峰,当 $S<0$ 时,分布右偏,即尖峰比凹槽的数量多,当而 $S>0$ 时,分布左偏。峰度主要描述分布的集中程度,对于高斯分布,$K=3$,当 $K>3$ 时,分布范围更为集中,当 $K<3$ 时,分布更加松散。如前所述,车削、刨削和放电加工所形成的粗糙表面具有正偏度($S>0$)(高斯分布偏度为0,即对称分布),珩磨和铣削获得的粗糙表面具有负偏度($S<0$)或高峰度($K>3$)(高斯分布峰度为3)。

$$\begin{cases} S = \dfrac{\mu_3}{\sigma_z^3} = \mu_3 \\[3mm] K = \dfrac{\mu_4}{\sigma_z^4} = \mu_4 \end{cases} \tag{5-73}$$

埃奇沃斯级数(Edgeworth series)是包含切比雪夫-埃尔米特(Chebyshev-Hermite)多项式和高斯分布函数的级数。该级数经常被应用于天体物理学和经济学中来拟合类高斯分布,相对于其他分布,例如 Gram-Charlier 级数,其多包含一项切比雪夫-埃尔米特多项式,同时能保证参数的数量不变,这样具有更高的拟合精度。在埃奇沃斯级数中,$p_n(z)$ 使用式(5-74)是非常典型的应用。

$$p_6(z) = 1 + \frac{\gamma_1}{6} He_3(z) + \frac{\gamma_2}{24} He_4(z) + \frac{\gamma_1^2}{72} He_6(z) \tag{5-74}$$

式中:γ_1 和 γ_2——概率密度函数的偏度和峰度,$\gamma_1 = S$,$\gamma_2 = \mu_4 - 3 = K - 3$;

$He_i(z)$——切比雪夫-埃尔米特多项式,表达式为

$$He_i(z) = (-1)^i \left(\frac{\partial^i \varphi}{\partial z^i} \right) \frac{1}{\varphi(z)^2} \tag{5-75}$$

根据表达式,可以计算出 $He_3(z) = z^3 - 3z$,$He_4(z) = z^4 - 6z^2 + 3$,$He_6(z) = z^6 - 15z^4 + 45z^2 - 15$,代入式(5-69)可得

$$\begin{aligned} f(z) &= p_6(z) \cdot \varphi(z) \\ &= \frac{1}{\sqrt{2\pi}} e^{-\frac{z^2}{2}} \cdot \left[\left(1 + \frac{K-3}{8} - \frac{5}{24} S^2 \right) - \frac{S}{2} + \left(\frac{5}{8} S^2 - \frac{K-3}{4} \right) z^2 \right. \\ &\quad \left. + \frac{S}{6} z^3 + \left(\frac{K-3}{24} - \frac{5}{24} S^2 \right) z^4 + \frac{S^2}{72} z^6 \right] \end{aligned} \tag{5-76}$$

接下来,假设无量纲化的随机变量粗糙高度为 $\delta^* = \delta/h_0$,将其标准化得

$$z_{\delta^*} = \frac{\delta^* - m_{\delta^*}}{\sigma_{\delta^*}} \tag{5-77}$$

其中 m_{δ^*} 为均值,若 $m_{\delta^*} \neq 0$,可将其直接加到半径间隙 h_0^* 中,即 m_{δ^*} 和半径间隙 h_0^* 在计算过程中起到的作用相同,因此为了后续计算的方面,可假设 $m_{\delta^*} = 0$,方程(5-77)可化为

$$z_{\delta^*} = \frac{\delta^*}{\sigma_{\delta^*}} \tag{5-78}$$

已知了 z_{δ^*} 和 δ^* 的关系,根据统计学的原理,这两个变量的概率密度函数转换关系如下:

$$f(\delta^*) = \frac{1}{\sigma_{\delta^*}} f(z_{\delta^*}) \tag{5-79}$$

代入方程(5-76),得到最终的 δ^* 的概率密度函数:

$$\begin{aligned}
f(z) &= p_6(z) \cdot \varphi(z) \\
&= \frac{1}{\sqrt{2\pi}\sigma_{\delta^*}} e^{-\frac{z^2}{2}} \cdot \left[\left(1 + \frac{K-3}{8} - \frac{5}{24}S^2\right) - \frac{S}{2} + \left(\frac{5}{8}S^2 - \frac{K-3}{4}\right)z^2 \right. \\
&\quad \left. + \frac{S}{6}z^3 + \left(\frac{K-3}{24} - \frac{5}{24}S^2\right)z^4 + \frac{S^2}{72}z^6 \right]
\end{aligned} \tag{5-80}$$

5.3.2　非高斯分布粗糙表面对孔入式液体静压径向轴承静动态特性的影响分析

现选取光滑、纵向、横向的粗糙表面进行分析,分别选取 $S=-0.4$、$S=0.4$、高斯分布、$K=0$、$K=6$ 五种情况下的纵向和横向粗糙表面与光滑情况进行比较。节流系数 $C_{s2}=0.05\sim0.29$,速度系数为 1,外载荷为 1,长宽比为 1,分别以最小油膜厚度、流量、刚度、阻尼和临界转速为分析对象。

1. 最小油膜厚度

图 5-27 反映了在所取的节流系数范围内($C_{s2}=0.05\sim0.29$)偏度非零($S\neq0$)的粗糙表面对最小油膜厚度 $\bar{h}_{\min}$ 的影响。纵向粗糙表面相对于光滑表面均能使最小油膜厚度 $\bar{h}_{\min}$ 大幅提高,偏度 S 越小,越能使 $\bar{h}_{\min}$ 提高,但纵向粗糙表面相对于横向粗糙表面而言,偏度引起的提升效果要小些。横向粗糙表面相对于光滑表面影响不突出,

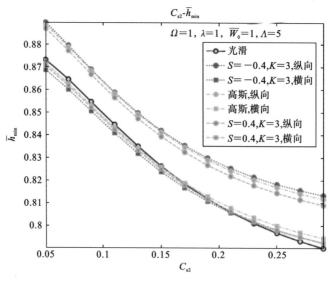

图 5-27　非高斯粗糙表面($S\neq0$)对孔入式液体静压径向轴承最小油膜厚度的影响

在所取的节流系数范围内,偏度会使最小油膜厚度减小,但偏度所引起的变化最大只有 0.3%,基本可以忽略不计。

图 5-28 反映了在所取的节流系数范围内($C_{s2}=0.05\sim0.29$)峰度($K\neq3$)不同的粗糙表面对最小油膜厚度 $\bar{h}_{min}$ 的影响。可以明显看出,峰度对纵向表面的影响没有对横向表面的影响大,基本可以忽略不计。对于纵向和横向粗糙表面,峰度越大,最小油膜厚度 $\bar{h}_{min}$ 越大。

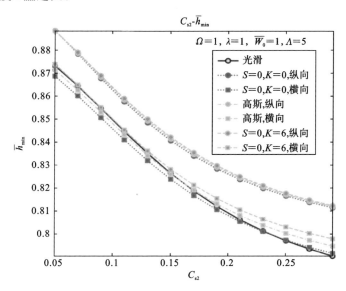

图 5-28　非高斯粗糙表面($K\neq3$)对孔入式液体静压径向轴承最小油膜厚度的影响

2. 流量

图 5-29 反映了在所取的节流系数范围内($C_{s2}=0.05\sim0.29$)偏度非零($S\neq0$)的粗糙表面对流量 $\bar{Q}$ 的影响。高斯分布下的类纵向表面、同向表面和类横向表面相对于光滑表面均使流量下降,而横向粗糙表面却能使流量增大。另外纵向粗糙表面使流量大幅降低,降低幅度随着节流系数 C_{s2} 的增大而增大,高斯分布条件下最大降幅可达 18.2%。对于纵向粗糙表面,随着偏度的减小流量也减小,且节流系数越大,效果越突出,当 $C_{s2}=0.29$ 时,$S=-0.4$ 相对于 $S=0$(即高斯)可使流量降低 4.02%。对于横向粗糙表面,随着偏度的减小,流量增大,当节流系数较小时,增幅很小,可忽略不计,随着节流系数的增大,偏度的影响增大,当 $C_{s2}=0.29$ 时,$S=-0.4$ 相对于 $S=0$ 可以使流量提高 2.67%。

图 5-30 反映了在所取的节流系数范围内($C_{s2}=0.05\sim0.29$)峰度不同($K\neq3$)的粗糙表面对流量 $\bar{Q}$ 的影响。对于纵向粗糙表面,随着峰度 K 的减小,流量减小,同样,随着节流系数 C_{s2} 的增大,峰度 K 的影响增大,当 $K=0$ 时,相对于高斯粗糙表面最大降幅可达 2.3%。对于横向粗糙表面,随着峰度 K 的增大,流量减小,而且当 $K=6$ 时,流量与光滑表面时的基本相同,当 $K=0$ 时,相对于高斯粗糙表面

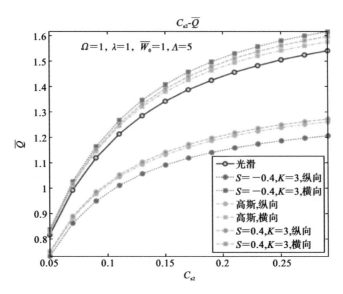

图 5-29　非高斯粗糙表面（$S \neq 0$）对孔入式液体静压径向轴承流量的影响

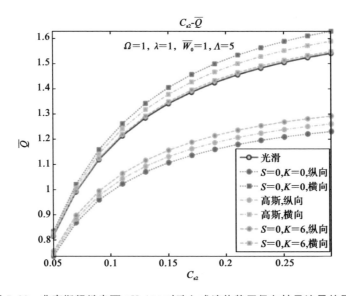

图 5-30　非高斯粗糙表面（$K \neq 3$）对孔入式液体静压径向轴承流量的影响

最大增幅为 2.6%。

3. 刚度

图 5-31 反映了在所取的节流系数范围内（$C_{s2} = 0.05 \sim 0.29$）偏度非零（$S \neq 0$）的粗糙表面对刚度 $\overline{S}_{xx}$ 的影响。与类纵向和类横向粗糙表面一致，纵向粗糙表面使刚度 $\overline{S}_{xx}$ 提高而横向粗糙表面使刚度 $\overline{S}_{xx}$ 降低。对于高斯分布，纵向粗糙表面相对于光滑状况最大能使刚度提高 41.2%，相反，横向粗糙表面的最大降幅为 85.53%。纵向

粗糙表面在偏度不为零时均使刚度 $\overline{S}_{xx}$ 下降,当偏度 $S=-0.4$ 影响很小,影响关系曲线几乎与高斯分布曲线重合,当偏度 $S=0.4$ 时,相对于高斯状况最大下降幅度为 9.4%。对于横向粗糙表面,较大的偏度能够使刚度 $\overline{S}_{xx}$ 提高,且随着节流系数 C_{s2} 的增加,效果越明显,相对光滑状况最大可提高 176.2%。

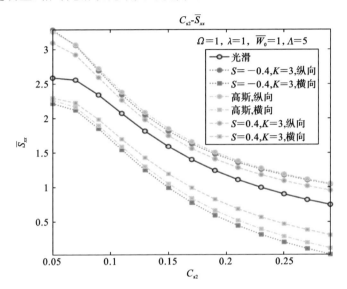

图 5-31　非高斯粗糙表面($S \neq 0$)对孔入式液体静压径向轴承刚度 $\overline{S}_{xx}$ 的影响

图 5-32 反映了在所取的节流系数范围内($C_{s2}=0.05 \sim 0.29$)峰度不同($K \neq 3$)的粗糙表面对刚度 $\overline{S}_{xx}$ 的影响。对于纵向粗糙表面,较大的峰度能够使刚度

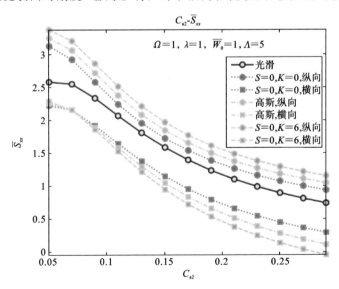

图 5-32　非高斯粗糙表面($K \neq 3$)对孔入式液体静压径向轴承刚度 $\overline{S}_{xx}$ 的影响

$\overline{S}_{xx}$ 提高,与同等条件的高斯分布相比,最大可提高 10.3%。对于横向粗糙表面,当节流系数较小($C_{s2}=0.05\sim0.09$)时,峰度的影响很小,随着节流系数的增大,较小的峰度对提高刚度 $\overline{S}_{xx}$ 的效果越加明显,最大可提高 170.0%。

图 5-33 反映了在所取的节流系数范围内($C_{s2}=0.05\sim0.29$)偏度非零($S\neq0$)的粗糙表面对刚度 $\overline{S}_{xy}$ 的影响。所有纵向粗糙表面及节流系数 C_{s2} 较大($C_{s2}>0.11$)的横向粗糙表面均使刚度 $\overline{S}_{xy}$ 提高,其中纵向粗糙表面的提升效果最突出,高斯状况下相对光滑条件最大可提高 12.30%($C_{s2}=0.11$)。对于纵向粗糙表面,在考虑偏度时,较小的偏度可以提高刚度 $\overline{S}_{xy}$,但最大幅度只有 1.05%。对于横向粗糙表面,偏度的作用同样很小。

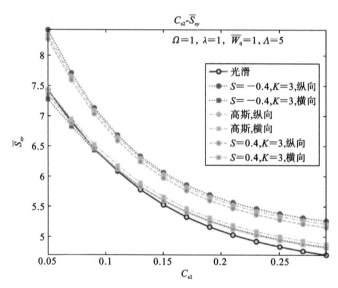

图 5-33 非高斯粗糙表面($S\neq0$)对孔入式液体静压径向轴承刚度 $\overline{S}_{xy}$ 的影响

图 5-34 反映了在所取的节流系数范围内($C_{s2}=0.05\sim0.29$)峰度不同($K\neq3$)的粗糙表面对刚度 $\overline{S}_{xy}$ 的影响。对于纵向粗糙表面,峰度的影响微乎其微,可以忽略。相对纵向表面,峰度对横向表面的影响较大,且较大的峰度能够使刚度 $\overline{S}_{xy}$ 提高,但最大只能提高 2.08%。

图 5-35 反映了在所取的节流系数范围内($C_{s2}=0.05\sim0.29$)偏度非零($S\neq0$)的粗糙表面对刚度 $\overline{S}_{yx}$ 的影响。若不考虑正负号,从绝对值角度来分析,纵向粗糙表面能明显地提高刚度 $\overline{S}_{yx}$,高斯状态下相对光滑表面最大能提高 11.68%。而横向粗糙表面只在节流系数较大时,才能较为明显地提高刚度 $\overline{S}_{yx}$,在所选取的节流系数范围内,最大只能使刚度提高 5.8%。当考虑偏度时,对于纵向粗糙表面,较小的偏度可以使刚度 $\overline{S}_{yx}$ 提高,但增幅很小,$S=-0.4$ 时比同等状况下的高斯纵向粗糙表面最大只提高 1.10%,可忽略不计。对于横向表面,非零的偏度均使刚度 $\overline{S}_{yx}$ 减小,但影响幅度同样很小。

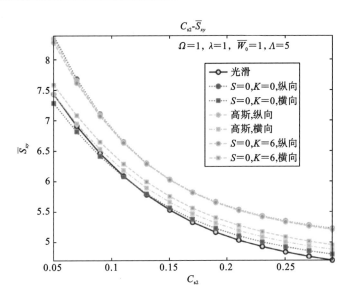

图 5-34　非高斯粗糙表面（$K\neq 3$）对孔入式液体静压径向轴承刚度 $\overline{S}_{xy}$ 的影响

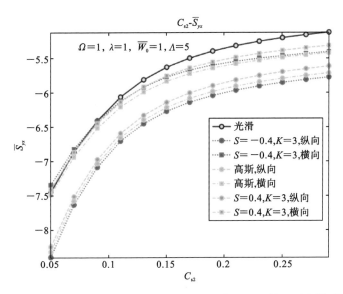

图 5-35　非高斯粗糙表面（$S\neq 0$）对孔入式液体静压径向轴承刚度 $\overline{S}_{yx}$ 的影响

图 5-36 反映了在所取的节流系数范围内（$C_{s2}=0.05\sim0.29$）峰度不同（$K\neq 3$）的粗糙表面对刚度 $\overline{S}_{yx}$ 的影响。同样,在只考虑绝对值的情况下,当节流系数 $C_{s2}<0.15$ 时,纵向粗糙表面对刚度影响十分小,在所取的节流系数范围内,相对于高斯纵向粗糙表面最大影响幅度只有 1.05%,可忽略不计。对于横向粗糙表面,较大的峰度能够提高刚度 $\overline{S}_{yx}$,影响幅度最大也只有 2.53%。

图 5-37 反映了在所取的节流系数范围内（$C_{s2}=0.05\sim0.29$）偏度非零

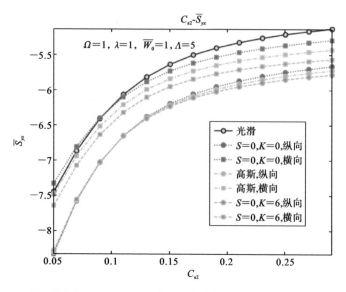

图 5-36　非高斯粗糙表面（$K \neq 3$）对孔入式液体静压径向轴承刚度 $\bar{S}_{yx}$ 的影响

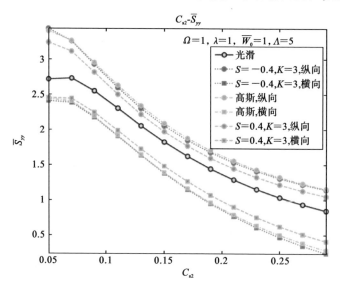

图 5-37　非高斯粗糙表面（$S \neq 0$）对孔入式液体静压径向轴承刚度 $\bar{S}_{yy}$ 的影响

（$S \neq 0$）的粗糙表面对刚度 $\bar{S}_{yy}$ 的影响。纵向粗糙表面均能提升刚度 $\bar{S}_{yy}$，同时横向粗糙表面则起到降低刚度的作用。在高斯分布情况下，相对于光滑情况，纵向粗糙表面在 $C_{s2} = 0.29$ 时使刚度 $\bar{S}_{yy}$ 从 0.85 提高到 1.16，增幅达 36.47%，同样，横向粗糙表面在 $C_{s2} = 0.29$ 时使刚度 $\bar{S}_{yy}$ 从 0.85 降低到 0.29，减小 65.88%。在考虑偏度的情况下，对于纵向粗糙表面，非零偏度均能使刚度 $\bar{S}_{yy}$ 降低，其中 $S = 0.4$ 时更加明显，降幅最大达 9.00%。对于横向粗糙表面，较大的偏度能够使刚度 $\bar{S}_{yy}$ 提高，且节流系数越大，效果越明显，当 $S = 0.4$、$C_{s2} = 0.29$ 时，相对于高斯分布情况，刚度 $\bar{S}_{yy}$ 从 0.29

提高到 0.42,幅度达 44.83%。

图 5-38 反映了在所取的节流系数范围内(C_{s2} = 0.05 ～ 0.29)峰度不同($K \neq 3$)的粗糙表面对刚度 $\overline{S}_{yy}$ 的影响。对于纵向粗糙表面,较大的峰度能够提高刚度 $\overline{S}_{yy}$,当 $K = 6$ 且 C_{s2} = 0.29 时,相对于高斯分布情况,刚度 $\overline{S}_{yy}$ 从 1.16 提高到1.27,幅度达 9.48%。对于横向表面,峰度的影响较小,特别是当节流系数较小时,影响可以忽略不计。当节流系数 C_{s2} 较大时,较小的峰度能够提高刚度 $\overline{S}_{yy}$。

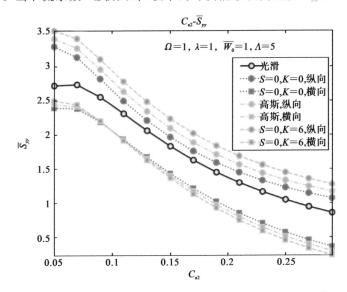

图 5-38　非高斯粗糙表面($K \neq 3$)对孔入式液体静压径向轴承刚度 $\overline{S}_{yy}$ 的影响

4. 阻尼

图 5-39 反映了阻尼 $\overline{D}_{xx}$ 在所取的节流系数范围内(C_{s2} = 0.05 ～ 0.29)受偏度非零($S \neq 0$)的粗糙表面的影响。在不考虑偏度的情况下,粗糙表面均能提高阻尼 $\overline{D}_{xx}$,特别是纵向粗糙表面,当 C_{s2} = 0.29 时,能使阻尼 $\overline{D}_{xx}$ 从 10.34 提高到 11.16,升幅达 7.93%,而同样条件下的横向粗糙表面只能使阻尼提高 4.95%。当考虑偏度时,对于纵向粗糙表面,较小的偏度能够提高阻尼 $\overline{D}_{xx}$,但提升效果并不明显,相对于高斯分布情况最大只能提高 1.30%。对于横向粗糙表面,非零偏度均使阻尼 $\overline{D}_{xx}$ 降低,但降低幅度很小,基本可以忽略不计。

图 5-40 反映了阻尼 $\overline{D}_{xx}$ 在所取的节流系数范围内(C_{s2} = 0.05 ～ 0.29)受峰度不同($K \neq 3$)的粗糙表面的影响。对于纵向粗糙表面,当节流系数小于 0.15 时,峰度基本对阻尼没有影响,在较大的节流系数下,较大的峰度能够提高阻尼 $\overline{D}_{xx}$,但增幅很小,最大只有 0.9%。对于横向粗糙表面,较大的峰度能够提高阻尼 $\overline{D}_{xx}$,最大的增幅也仅有 1.9%。

图 5-41 反映了阻尼 $\overline{D}_{xy}$ 和 $\overline{D}_{yx}$ 在所取的节流系数范围内(C_{s2} = 0.05 ～ 0.29)受偏度非零($S \neq 0$)的粗糙表面的影响。当节流系数较小时,阻尼 $\overline{D}_{xy}$ 和 $\overline{D}_{yx}$ 受节流系

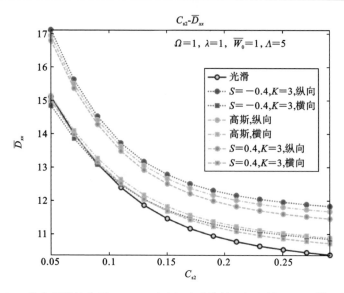

图 5-39 非高斯粗糙表面（$S\neq0$）对孔入式液体静压径向轴承阻尼 $\overline{D}_{xx}$ 的影响

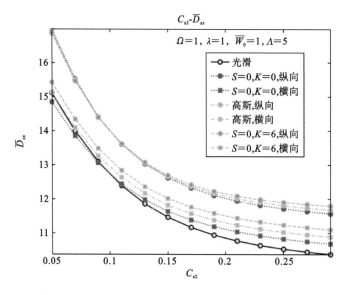

图 5-40 非高斯粗糙表面（$K\neq3$）对孔入式液体静压径向轴承阻尼 $\overline{D}_{xx}$ 的影响

数影响较大，没有明确的规律。当节流系数较大时，在不考虑正负号的情况下，纵向粗糙表面能够提高阻尼 $\overline{D}_{xy}$ 和 $\overline{D}_{yx}$ 而横向粗糙表面起到了降低阻尼的作用。在考虑偏度时，对于纵向粗糙表面，较小的偏度在较大的节流系数情况下能够提高阻尼 $\overline{D}_{xy}$ 和 $\overline{D}_{yx}$，对于横向粗糙表面，偏度对阻尼的影响并没有十分明确的规律。

图 5-42 反映了阻尼 $\overline{D}_{xy}$ 和 $\overline{D}_{yx}$ 在所取的节流系数范围内（$C_{s2}=0.05\sim0.29$）受峰度不同（$K\neq3$）的粗糙表面的影响。对于纵向粗糙表面，较大的峰度可以提高阻尼 $\overline{D}_{xy}$ 和 $\overline{D}_{yx}$，且节流系数较小时，效果比较明显，当 $K=6$ 且 $C_{s2}=0.05$ 时，$\overline{D}_{xy}$ 和

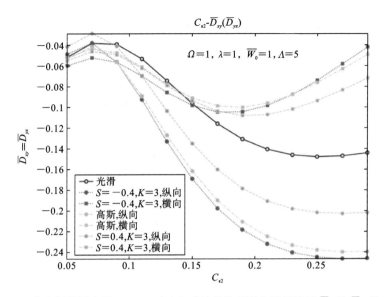

图 5-41　非高斯粗糙表面（$S\neq0$）对孔入式液体静压径向轴承阻尼 $\overline{D}_{xy}$ 和 $\overline{D}_{yx}$ 的影响

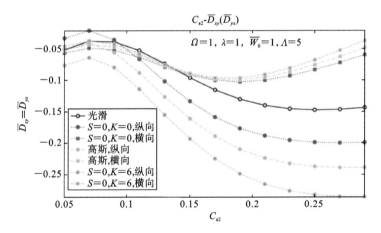

图 5-42　非高斯粗糙表面（$K\neq3$）对孔入式液体静压径向轴承阻尼 $\overline{D}_{xy}$ 和 $\overline{D}_{yx}$ 的影响

$\overline{D}_{yx}$ 从 -0.054 提高到 -0.077，提高幅度达 42.59%。对于横向粗糙表面，较小的峰度可以提高 $\overline{D}_{xy}$ 和 $\overline{D}_{yx}$，最大可提高 21.50%。

图 5-43 反映了阻尼 $\overline{D}_{yy}$ 在所取的节流系数范围内（$C_{s2}=0.05\sim0.29$）受偏度非零（$S\neq0$）的粗糙表面的影响。在高斯分布条件下，纵向和横向粗糙表面均能起到提高阻尼 $\overline{D}_{yy}$ 的作用，其中纵向粗糙表面提高效果更为明显，当 $C_{s2}=0.05$ 时，可以使 $\overline{D}_{yy}$ 从 14.74 提高到 16.52，增幅达 12.08%。在考虑偏度时，对于纵向粗糙表面，较小的偏度可以提高阻尼 $\overline{D}_{yy}$，但效果并不明显，相对于高斯粗糙表面最大只能使阻尼提高 1.0%。对于横向粗糙表面，非零偏度均使阻尼 $\overline{D}_{yy}$ 减小，幅度也很小，基本可以忽略不计。

图 5-44 反映了阻尼 $\overline{D}_{yy}$ 在所取的节流系数范围内（$C_{s2}=0.05\sim0.29$）受峰度不

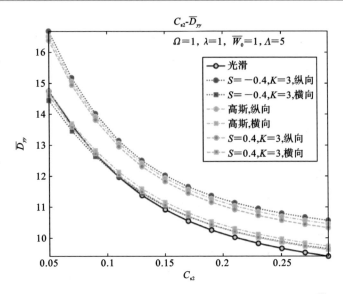

图 5-43　非高斯粗糙表面($S\neq0$)对孔入式液体静压径向轴承阻尼 $\overline{D}_{yy}$ 的影响

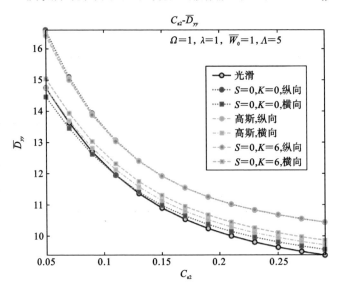

图 5-44　非高斯粗糙表面($K\neq3$)对孔入式液体静压径向轴承阻尼 $\overline{D}_{yy}$ 的影响

同($K\neq3$)的粗糙表面的影响。对于纵向粗糙表面,峰度的影响微乎其微,可以忽略不计。对于横向粗糙表面,峰度越大,阻尼 $\overline{D}_{yy}$ 越大,但提高的幅度最大仅有 2.0%。

5. 临界转速

图 5-45 反映了临界转速 $\overline{\omega}_{\mathrm{th}}$ 在所取的节流系数范围内($C_{s2}=0.05\sim0.29$)受偏度非零($S\neq0$)的粗糙表面的影响。对于服从高斯分布的情况,纵向和横向粗糙表面均使临界转速降低,特别是横向粗糙表面最为明显,当 $C_{s2}=0.29$ 时,横向粗糙表面情况下临界转速从 2.17 降低到 0.90,降幅达到 58.53%,同样条件下,纵向粗糙表面

对临界转速的影响很小。当考虑偏度时,对于纵向粗糙表面,非零偏度均使临界转速降低,尤其是当 $S=0.4$ 时,但降幅很小,相对于同等条件下的高斯分布粗糙表面最大降幅只有 4.78%。对于横向粗糙表面,较大的偏度可以提高临界转速 $\overline{\omega}_{th}$,节流系数越大,效果越突出,当 $C_{s2}=0.29$ 时,临界转速从高斯分布条件下的 0.90 提高到 1.20,提高幅度达 33.33%。

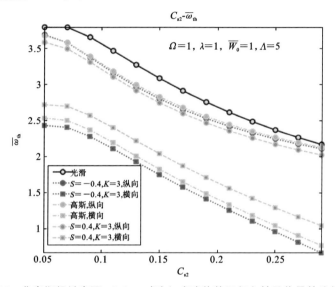

图 5-45 非高斯粗糙表面($S\neq 0$)对孔入式液体静压径向轴承临界转速的影响

图 5-46 反映了临界转速 $\overline{\omega}_{th}$ 在所取的节流系数范围内($C_{s2}=0.05\sim 0.29$)受峰度不同($K\neq 3$)的粗糙表面的影响。对于纵向粗糙表面,较大的峰度能够提高临界

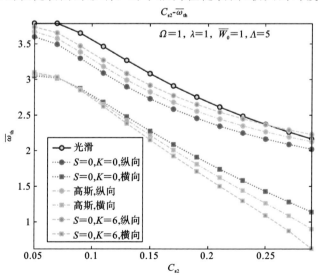

图 5-46 非高斯粗糙表面($K\neq 3$)对孔入式液体静压径向轴承临界转速的影响

转速 $\bar{\omega}_{th}$，同等条件下相对于高斯分布粗糙表面最大可提高 4.78%。对于横向粗糙表面，当节流系数 $C_{s2}<0.11$ 时，峰度对临界转速几乎没有影响，节流系数越大，峰度的影响越明显，且较小的峰度能够提高临界转速 $\bar{\omega}_{th}$，当 $K=0$ 且 $C_{s2}=0.29$ 时，可以使 $\bar{\omega}_{th}$ 从高斯分布横向表面状态下的 0.90 提高到 1.14，增幅可达 26.67%。

第6章 考虑非牛顿和滑移的孔入式 液体静压径向轴承静动态特性 有限元计算方法及分析

在过去的几十年中,已有大量针对液体静压径向轴承中润滑油的非牛顿行为的研究。之后罕有研究人员在处理非牛顿润滑油时将壁面滑移同时考虑在内。在使用经典雷诺方程对轴承性能进行计算的过程中认为在与壁面接触处润滑油的速度相同而不发生打滑。然而,润滑油在高速流动过程中液体分子与壁面之间的剪切应力不可能是无限大的,随着实验技术的发展壁面滑移现象的存在逐步得到了验证,同时壁面滑移还受到表面粗糙度、湿润度、气层等因素的影响。为改善滑移边界条件,研究人员逐渐发展了疏水、超疏水表面的设计制造方法。

后来,在轴承壁面滑移边界条件的理论研究方面特别是对于液体静压滑动轴承,研究人员开展了大量的研究,主要涉及滑移长度与最大剪切应力,并分别建立了滑移长度模型和极限剪切应力模型,研究表明在滑动轴承表面合理应用滑移可以有效改善轴承性能,但现有研究很少考虑混合滑动轴承中非牛顿润滑与滑移共存的情况。随着现代机械的发展,极端工况对液体静压轴承的静动态性能提出了更加苛刻的要求,非牛顿润滑与壁面滑移共存可能是减小摩擦磨损的必然选择。因此本章将边界滑移考虑在内,举例分析非牛顿效应和壁面滑移效应对摩擦学性能的影响,用立方剪切定律模拟润滑油的非牛顿行为,推导修正的平均黏度雷诺方程并用有限元方法求解,对在非牛顿效应和边界滑移效应的相互作用下毛细管节流混合径向轴承的静动态特性进行理论分析。

6.1 考虑壁面滑移的修正雷诺方程

同时具有滑移、无滑移表面的毛细管节流混合滑动轴承的几何结构如图 6-1(a)所示。几何参数和坐标系如图 6-1(b)所示。考虑变黏度和滑移边界条件,假定润滑液为不可压缩流体且惯性效应可忽略,得到简化的纳维-斯托克斯方程:

$$\frac{\partial p}{\partial x} = \frac{\partial}{\partial z}\left(\mu(z)\frac{\partial u}{\partial z}\right) \tag{6-1}$$

$$\frac{\partial p}{\partial y} = \frac{\partial}{\partial z}\left(\mu(z)\frac{\partial v}{\partial z}\right) \tag{6-2}$$

$$\frac{\partial p}{\partial z} = 0 \tag{6-3}$$

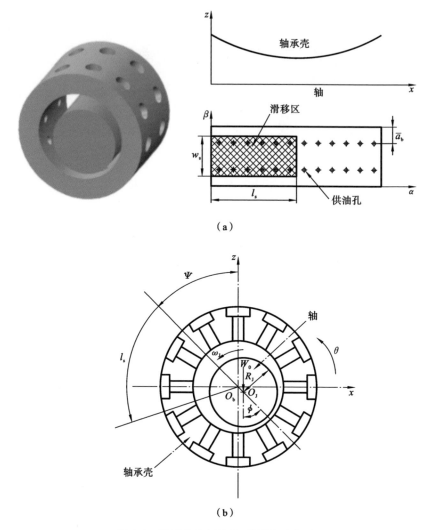

图 6-1 轴承的几何结构、参数和坐标系

(a) 滑移/无滑移表面的毛细管节流混合滑动轴承的几何结构;(b) 几何参数和坐标系

对于同时具有滑移、无滑移表面的毛细管节流混合滑动轴承,滑移区可以位于轴瓦和轴表面。在滑移区,为简化分析过程对壁面滑移边界条件进行简化,临界剪应力为零,滑移为各向同性。则边界条件为

$$
\begin{cases}
z=0: u\big|_{z=0}=U+\alpha_{s}\mu(z)\dfrac{\partial u}{\partial z}\bigg|_{z=0}, & v\big|_{z=0}=\alpha_{s}\mu(z)\dfrac{\partial v}{\partial z}\bigg|_{z=0}, & w\big|_{z=0}=\dfrac{\partial h}{\partial t}+U\dfrac{\partial h}{\partial x} \\[3mm]
z=h: u\big|_{z=h}=-\alpha_{s}\mu(z)\dfrac{\partial u}{\partial z}\bigg|_{z=h}, & v\big|_{z=h}=-\alpha_{s}\mu(z)\dfrac{\partial v}{\partial z}\bigg|_{z=h}, & w\big|_{z=h}=0
\end{cases}
$$

$$(6\text{-}4)$$

沿 z 方向对式(6-1)、式(6-2)进行二次积分,应用边界条件式(6-4),得到速度表达式:

$$\begin{cases} u = \dfrac{\partial p}{\partial x} E_1 + (1 - E_2) U \\ v = \dfrac{\partial p}{\partial y} E_1 \end{cases} \tag{6-5}$$

式中：$E_1 = \displaystyle\int_0^z \dfrac{z}{\mu(z)} \mathrm{d}z - \dfrac{\left(\alpha_\mathrm{s} + \displaystyle\int_0^z \dfrac{1}{\mu(z)} \mathrm{d}z\right)\left(\alpha_\mathrm{h} h + \displaystyle\int_0^h \dfrac{z}{\mu(z)} \mathrm{d}z\right)}{\displaystyle\int_0^h \dfrac{1}{\mu(z)} \mathrm{d}z + \alpha_\mathrm{s} + \alpha_\mathrm{h}}$；

$\qquad E_2 = \dfrac{\alpha_\mathrm{s} + \displaystyle\int_0^z \dfrac{1}{\mu(z)} \mathrm{d}z}{\displaystyle\int_0^h \dfrac{1}{\mu(z)} \mathrm{d}z + \alpha_\mathrm{s} + \alpha_\mathrm{h}}$；

α_h——轴承壳表面滑移系数；

α_s——轴表面滑移系数。

根据质量守恒定律，对于不可压缩流体假定其流体密度恒定，可推导出修正雷诺方程：

$$\frac{\partial q_x}{\partial x} + \frac{\partial q_y}{\partial y} = -\frac{\partial h}{\partial t} \tag{6-6}$$

采用分段积分法并引入跨膜表观黏度积分，方程（6-6）的第一项可推导为

$$\begin{aligned} \frac{\partial q_x}{\partial x} &= \frac{\partial}{\partial x} \int_0^h \mu(z) \mathrm{d}z = \frac{\partial}{\partial x}\left[\frac{\partial p}{\partial x} \int_0^h E_1(z) \mathrm{d}z + U \int_0^h [1 - E_2(z)] \mathrm{d}z\right] \\ &= \frac{\partial}{\partial x}\left\{\frac{\partial p}{\partial x}\left[-\int_0^h \frac{z^2}{\mu(z)} \mathrm{d}z + \frac{2hF_1\alpha_\mathrm{h} + F_1^2 - h^2\alpha_\mathrm{h}(\alpha_\mathrm{s} + F_0)}{F_0 + \alpha_\mathrm{s} + \alpha_\mathrm{h}}\right] + U\frac{h\alpha_\mathrm{h} + F_1}{F_0 + \alpha_\mathrm{s} + \alpha_\mathrm{h}}\right\} \end{aligned} \tag{6-7}$$

第二项与第一项类似，进而得到修正雷诺方程为

$$\begin{aligned} &\frac{\partial}{\partial x}\left\{\frac{\partial p}{\partial x}\left[\int_0^h \frac{z^2}{\mu(z)} \mathrm{d}y - \frac{2hF_1\alpha_\mathrm{h} + F_1^2 - h^2\alpha_\mathrm{h}(\alpha_\mathrm{s} + F_0)}{F_0 + \alpha_\mathrm{s} + \alpha_\mathrm{h}}\right]\right\} + \\ &\frac{\partial}{\partial y}\left[\frac{\partial p}{\partial y}\left(\int_0^h \frac{z^2}{\mu(z)} \mathrm{d}z - \frac{2hF_1\alpha_\mathrm{h} + F_1^2 - h^2\alpha_\mathrm{h}(\alpha_\mathrm{s} + F_0)}{F_0 + \alpha_\mathrm{s} + \alpha_\mathrm{h}}\right)\right] \\ &= U\frac{\partial}{\partial x}\left(\frac{h\alpha_\mathrm{h} + F_1}{F_0 + \alpha_\mathrm{s} + \alpha_\mathrm{h}}\right) + \frac{\partial h}{\partial t} \end{aligned} \tag{6-8}$$

由方程（6-8）可知，修正后的雷诺方程是三维的，系数 F_0 和 F_1 的值可以通过数值积分（如辛普森（Simpson）法）的方法进行计算。引入平均剪切应变率的概念，根据平均表观黏度简化方程（6-8），得到更为简化的修正雷诺方程：

$$\begin{aligned} &\frac{\partial}{\partial x}\left(\frac{h^3}{12\mu_\mathrm{av}} \frac{h^2 + 4h\mu_\mathrm{av}(\alpha_\mathrm{h} + \alpha_\mathrm{s}) + 12\mu_\mathrm{av}^2 \alpha_\mathrm{h}\alpha_\mathrm{s}}{h(h + \mu_\mathrm{av}(\alpha_\mathrm{h} + \alpha_\mathrm{s}))} \frac{\partial p}{\partial x}\right) \\ &+ \frac{\partial}{\partial y}\left(\frac{h^3}{12\mu_\mathrm{av}} \frac{h^2 + 4h\mu_\mathrm{av}(\alpha_\mathrm{h} + \alpha_\mathrm{s}) + 12\mu_\mathrm{av}^2 \alpha_\mathrm{h}\alpha_\mathrm{s}}{h(h + \mu_\mathrm{av}(\alpha_\mathrm{h} + \alpha_\mathrm{s}))} \frac{\partial p}{\partial y}\right) \\ &= \frac{U}{2}\frac{\partial}{\partial x}\left(\frac{h^2 + 2h\mu_\mathrm{av}\alpha_\mathrm{h}}{h + \mu_\mathrm{av}(\alpha_\mathrm{h} + \alpha_\mathrm{s})}\right) + \frac{\partial h}{\partial t} \end{aligned} \tag{6-9}$$

式中：$\mu_\mathrm{av} = \tau/\dot{\gamma}_\mathrm{av}$。

$$\dot{\gamma}_{av} = \frac{1}{h}\int_0^h \sqrt{\left(\frac{\partial u}{\partial z}\right)^2 + \left(\frac{\partial w}{\partial z}\right)^2}\,dz$$

$$F_0 = \int_0^h \frac{1}{\mu(z)}dz = \frac{h}{\mu_{av}}$$

$$F_1 = \int_0^h \frac{z}{\mu(z)}dz = \frac{h^2}{2\mu_{av}}$$

对方程(6-9)进行无量纲化处理得到

$$\frac{\partial}{\partial\alpha}\left(\frac{\bar{h}^3}{12\bar{\mu}_{av}}\frac{\bar{h}^2 + 4\bar{h}\bar{\mu}_{av}(A_h + A_s) + 12\bar{\mu}_{av}^2 A_h A_s}{\bar{h}(\bar{h} + \bar{\mu}_{av}(A_h + A_s))}\frac{\partial\bar{p}}{\partial\alpha}\right)$$

$$+\frac{\partial}{\partial\beta}\left(\frac{\bar{h}^3}{12\bar{\mu}_{av}}\frac{\bar{h}^2 + 4\bar{h}\bar{\mu}_{av}(A_h + A_s) + 12\bar{\mu}_{av}^2 A_h A_s}{\bar{h}(\bar{h} + \bar{\mu}_{av}(A_h + A_s))}\frac{\partial\bar{p}}{\partial\beta}\right)$$

$$=\frac{\Omega}{2}\frac{\partial}{\partial\alpha}\left(\frac{\bar{h}^2 + 2\bar{h}\bar{\mu}_{av}A_h}{\bar{h} + \bar{\mu}_{av}(A_h + A_s)}\right) + \frac{\partial\bar{h}}{\partial t} \tag{6-10}$$

式中：$\bar{h} = h/h_0 = 1 - \bar{X}_J\cos\alpha - \bar{Z}_J\sin\alpha$，$\bar{p} = p/p_s$，$\alpha = x/R_J$，$\beta = y/R_J$，$U = \omega_J \cdot R_J$，$\Omega = \omega_J[\mu_0 R_J^2/(h_0^2 p_s)]$，$\bar{\mu}_{av} = \mu_{av}/\mu_0$，$\bar{t} = t[h_0^2 p_s/(\mu_0 R_J^2)]$，$\partial\bar{h}/\bar{X}_J = -\cos\alpha$，$\partial\bar{h}/\bar{Z}_J = -\sin\alpha$，$A_h = \mu_0\alpha_h/h_0$，$A_s = \mu_0\alpha_s/h_0$。

6.2　考虑边界滑移的修正雷诺方程有限元计算方法

为了得到润滑油的压力分布，应对式(6-10)进行数值求解。本节采用有限元法将流场划分为四节点等参单元。采用伽辽金法将求解节点压力转化为求最小残差的问题。通过将残差与插值函数正交化，得到全局系统方程：

$$\bar{F}^e\bar{p}^e = \bar{Q}^e + \Omega\bar{R}_H^e + \bar{x}\bar{R}_x^e + \bar{z}\bar{R}_z^e \tag{6-11}$$

式中各项表达式为

$$\begin{cases}
\bar{F}_{ij}^e = \int_{\Omega^e}\left[\bar{h}^3\bar{F}_2 - \frac{2\bar{h}^3\bar{F}_1 A_h + \bar{h}^4\bar{F}_1^2 - \bar{h}^2 A_h(A_s + \bar{h}\bar{F}_0)}{\bar{h}\bar{F}_0 + A_s + A_h}\right]\left(\frac{\partial N_i}{\partial\alpha}\frac{\partial N_j}{\partial\alpha} + \frac{\partial N_i}{\partial\beta}\frac{\partial N_j}{\partial\beta}\right)d\Omega^e \\[4mm]
\bar{Q}_i^e = \int_{\Gamma^e}\begin{cases}\left\{\left[\bar{h}^3\bar{F}_2 - \dfrac{2\bar{h}^3\bar{F}_1 A_h + \bar{h}^4\bar{F}_1^2 - \bar{h}^2 A_h(A_s + \bar{h}\bar{F}_0)}{\bar{h}\bar{F}_0 + A_s + A_h}\right]\dfrac{\partial\bar{p}}{\partial\alpha}\right. \\ \left.-\Omega\dfrac{\bar{h}A_h + \bar{h}^2\bar{F}_1}{\bar{h}\bar{F}_0 + A_s + A_h}\right\}l_1 \\ +\left\{\left[\bar{h}^3\bar{F}_2 - \dfrac{2\bar{h}^3\bar{F}_1 A_h + \bar{h}^4\bar{F}_1^2 - \bar{h}^2 A_h(A_s + \bar{h}\bar{F}_0)}{\bar{h}\bar{F}_0 + A_s + A_h}\right]\dfrac{\partial\bar{p}}{\partial\beta}\right\}l_2\end{cases}N_i\,d\Gamma^e \\[4mm]
\bar{R}_{Hi} = \int_{\Omega^e}\left(\frac{\bar{h}A_h + \bar{h}^2\bar{F}_1}{\bar{h}\bar{F}_0 + A_s + A_h}\right)\frac{\partial N_i}{\partial\alpha}d\Omega^e \\[4mm]
\bar{R}_{xi}^e = \int_{\Omega^e}N_i\cos\alpha\,d\Omega^e \\[4mm]
\bar{R}_{zi}^e = \int_{\Omega^e}N_i\sin\alpha\,d\Omega^e
\end{cases}$$

对于毛细管节流混合径向滑动轴承,节流器无量纲化流量方程为

$$\bar{Q}=\bar{C}_{s2}(1-\bar{p}_r) \tag{6-12}$$

大多数的非牛顿润滑都可以用立方剪切定律表示。对于剪切应变率的平均值,该定律的无量纲形式可表示为

$$\bar{\tau}+\bar{k}\,\bar{\tau}^3=\bar{\gamma}_{av} \tag{6-13}$$

针对非牛顿流体,采用六点高斯-勒让德积分计算油膜的平均剪切应变率,并转化为

$$\bar{\gamma}_{av}=\frac{\sqrt{2}}{\bar{h}}\int_{-1}^{1}\sqrt{\begin{array}{l}\left[\dfrac{\bar{h}(z+1)}{2\bar{\mu}_{av}}\dfrac{\partial\bar{p}}{\partial\alpha}-\left(\dfrac{\Omega}{\bar{h}+\bar{\mu}_{av}(A_h+A_s)}+\dfrac{\bar{h}}{2\bar{\mu}_{av}}\dfrac{\bar{h}+2A_h\bar{\mu}_{av}}{\bar{h}+\bar{\mu}_{av}(A_h+A_s)}\dfrac{\partial\bar{p}}{\partial\alpha}\right)\right]^2\\+\left[\dfrac{\bar{h}(z+1)}{2\bar{\mu}_{av}}\dfrac{\partial\bar{p}}{\partial\beta}-\dfrac{\bar{h}}{2\bar{\mu}_{av}}\dfrac{\bar{h}+2A_h\bar{\mu}_{av}}{\bar{h}+\bar{\mu}_{av}(A_h+A_s)}\dfrac{\partial\bar{p}}{\partial\beta}\right]^2\end{array}}\,dz$$

$$\tag{6-14}$$

式中:$\dfrac{\partial\bar{p}}{\partial\alpha}=\sum\limits_{j=1}^{n_l^e}\bar{p}_j\dfrac{\partial N_j}{\partial\alpha}$,$\dfrac{\partial\bar{p}}{\partial\beta}=\sum\limits_{j=1}^{n_l^e}\bar{p}_j\dfrac{\partial N_j}{\partial\beta}$。

然后由式(6-13)求得相应的等效剪应力,并将式(6-12)代入式(6-11),利用牛顿-拉弗森(Newton-Raphson)法求解得到油膜压力分布,应用雷诺边界条件处理空穴问题。程序流程参照第3章相关内容。需要指出的是,具有平均表观黏度和滑移边界的修正雷诺方程不仅适用于立方律非牛顿润滑油,同时也适用于其他非牛顿模型(如幂律、宾厄姆等)。

6.3　考虑边界滑移的静压支承静动态特性分析

本章所讨论的滑动轴承的特性包括静态特性(润滑油流量、最小油膜厚度、最大油膜压力和摩擦力矩)和动态特性(动态系数和稳定阈值速度)。利用载荷的稳态条件在确定给定垂直外载荷的轴颈中心平衡位置后,评估其静、动态特性。

油膜承载力可通过对整个油膜压力分布进行积分得到。总流量为每个供油孔的流量之和。由于润滑油的剪切作用,轴颈上产生的摩擦力矩可表示为

$$\bar{T}_{fric}=\int_0^{2\pi}\int_{-\lambda}^{\lambda}\bar{\tau}\mid_{y=0}d\alpha d\beta$$
$$=\int_0^{2\pi}\int_{-\lambda}^{\lambda}-\left(\frac{\Omega}{\bar{h}+\bar{\mu}_{av}(A_h+A_s)}+\frac{\bar{h}}{2\bar{\mu}_{av}}\frac{\bar{h}+2A_h\bar{\mu}_{av}}{\bar{h}+\bar{\mu}_{av}(A_h+A_s)}\frac{\partial\bar{p}}{\partial\alpha}\right)d\alpha d\beta \tag{6-15}$$

为求解转子动力系数$\bar{S}_{xx}$、$\bar{S}_{xz}$、$\bar{S}_{zx}$、$\bar{S}_{zz}$、$\bar{D}_{xx}$、$\bar{D}_{xz}$、$\bar{D}_{zx}$、$\bar{D}_{zz}$,需将雷诺方程对$\bar{x}_J$、$\bar{z}_J$、$\dot{\bar{x}}_J$、$\dot{\bar{z}}_J$分别进行求偏微分处理,参照油膜压力分布求解过程求解出$\partial\bar{p}/\partial\bar{x}_J$、$\partial\bar{p}/\partial\bar{z}_J$、$\partial\bar{p}/\partial\dot{\bar{x}}_J$、$\partial\bar{p}/\partial\dot{\bar{z}}_J$在油膜区域的分布,再分别对整个油膜区域进行积分,得到刚度与阻尼系数。

$$\begin{bmatrix} \overline{S}_{xx} & \overline{S}_{xz} \\ \overline{S}_{zx} & \overline{S}_{zz} \end{bmatrix} = \int_0^2 \int_0^{2\pi} \begin{bmatrix} \partial\overline{p}/\partial\overline{x}_{\mathrm{J}} \\ \partial\overline{p}/\partial\overline{z}_{\mathrm{J}} \end{bmatrix} [\cos\alpha \quad \sin\alpha] \mathrm{d}\alpha\mathrm{d}\beta$$

$$\begin{bmatrix} \overline{D}_{xx} & \overline{D}_{xz} \\ \overline{D}_{zx} & \overline{D}_{zz} \end{bmatrix} = \int_0^2 \int_0^{2\pi} \begin{bmatrix} \partial\overline{p}/\partial\dot{\overline{x}}_{\mathrm{J}} \\ \partial\overline{p}/\partial\dot{\overline{z}}_{\mathrm{J}} \end{bmatrix} [\cos\alpha \quad \sin\alpha] \mathrm{d}\alpha\mathrm{d}\beta$$ (6-16)

无量纲稳定阈值转速可通过下式求得

$$\overline{\omega}_{\mathrm{th}} = (\overline{M}_{\mathrm{c}}/\overline{W}_0)^{1/2}$$ (6-17)

式中：W_0——无量纲外载荷。

6.3.1　滑移面/无滑移面参数的优化设计

流体动压轴承的相关研究已经证实了在轴向和周向存在最佳滑移区，因此先优化牛顿情况下的滑移区尺寸。在固定偏心率的情况下，计算一系列滑移面、无滑移面参数，重点关注承载力，如图6-2所示。同时考虑轴瓦和轴表面的滑移现象，轴表面的滑移区沿轴向变化。为了更全面地反映轴承性能变化，计算三种固定外载荷（低载荷0.4、正常载荷1.0和高载荷1.6）下的偏心率。偏心率 ε 分别为0.0594、0.1469和0.2305，姿态角 φ 分别为72.9°、73.3°、73.9°。可以看出在不同载荷作用下，动静压轴承的姿态角基本不变。因此，周向滑移区在最大油膜厚度起始处向旋转方向增大，如图6-1(b)所示。

从图6-2可以看出，对于具有三个固定偏心率的动静压轴承，其承载力的变化趋势基本相同。图6-2(a)和图6-2(b)仅显示了轴瓦表面（$A_{\mathrm{h}} = 0.25$，$A_{\mathrm{s}} = 0$）的滑移现象。如图6-2(a)所示，随着滑移区周向长度的增加，承载力先增大后显著减小，在180°左右达到最大值。图6-2(b)显示了滑移区轴向长度对承载力的影响，最佳长度

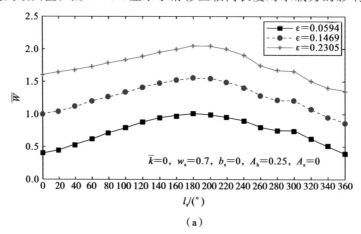

（a）

图6-2　不同滑移/无滑移区参数下的承载力变化

（a）轴瓦表面的周向滑移区长度；（b）轴瓦表面的轴向滑移区长度；

（c）轴表面轴向滑移区长度；（d）轴瓦表面的滑移长度

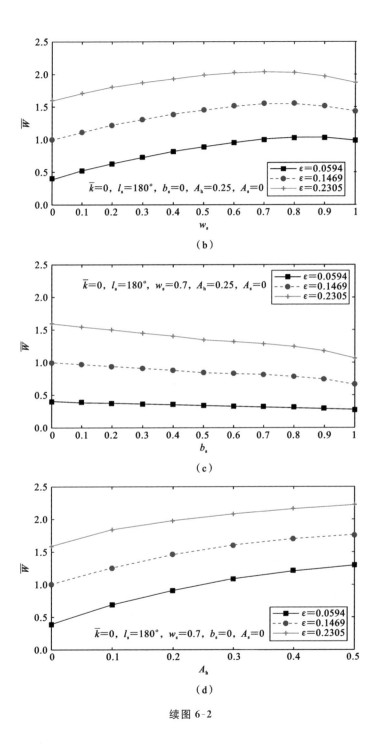

续图 6-2

约为 0.7,这时可以获得三个固定偏心率下的最大承载力。图 6-2(c)仅显示了轴表面的滑移现象($A_h=0,A_s=0.25$),滑移区的轴向长度对承载力的影响总是无益的。为了提高承载力,在接下来的分析中不再考虑轴表面的滑移效应。在此基础上,可得到牛顿润滑条件下动静压轴承的最佳滑移区($l_s=180°,w_s=0.7,b_s=0$)。与流体动压轴承的相关研究结论相比,在混合动力轴承中引入流体静力学效应并不影响滑移区的优化选择。在最佳滑移区参数选定的基础上,滑移长度的影响如图 6-2(d)所示。在选定的滑移长度范围内承载力始终随滑移长度的增加而增大。在正常载荷的固定偏心率下承载力增大 54.85%,效果显著。

在偏心率 $\varepsilon=0.1469$ 的情况下,图 6-3(a)显示了选定滑移/无滑移面尺寸后的压力场,图 6-3(b)显示了在中间平面内不同滑移长度处的无量纲油膜压力分布。可见在滑移区和非滑移区的交界处,混合轴承的压力梯度变化剧烈。与非滑移区相比,滑移区内的压力梯度更大且随着滑移长度的增大而增大。

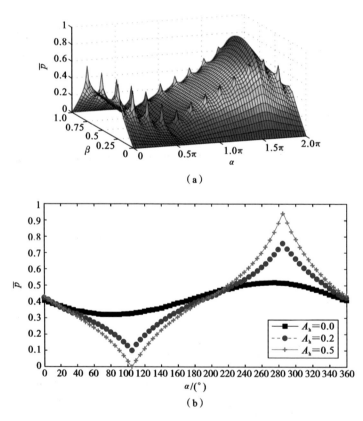

（a）

（b）

图 6-3 压力场和无量纲油膜压力分布

（a）三维压力场($\bar{k}=0,l_s=180°,w_s=0.7,b_s=0,A_h=0.25$）

（b）不同滑移长度处的无量纲油膜压力分布

6.3.2　非牛顿效应与壁面滑移效应的相互作用

对于立方律非牛顿流体,剪切变稀是影响轴承性能的主要因素。随着剪切应变速率的增大,润滑油黏度急剧下降。图 6-4 显示了四种情况下油膜中剪切应变率 $\bar{\gamma}$ 的分布情况。结果表明,在滑移区与非滑移区交界处,剪切速率呈陡崖状减小,且滑移区的剪切速率明显低于非滑移区的剪切速率。基于剪切变稀理论,很容易得出滑移区黏度增大的结论,即滑移边界的引入将在一定程度上补偿非牛顿润滑的影响。

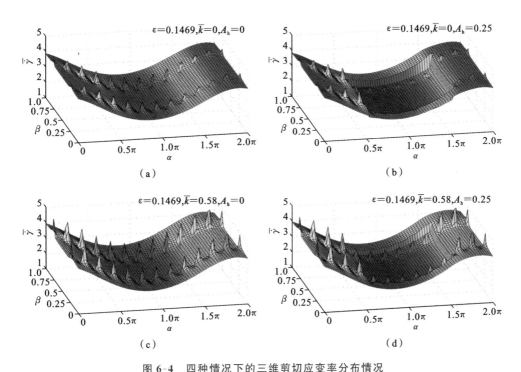

图 6-4　四种情况下的三维剪切应变率分布情况

(a) 无滑移区的牛顿润滑;(b) 同时具有滑移、无滑移区的牛顿润滑
(c) 无滑移区的非牛顿润滑;(d) 同时具有滑移、无滑移区的非牛顿润滑

图 6-5(a)所示为非牛顿情况($\bar{k}=0.58, l_s=180°, w_s=0.7, b_s=0, A_h=0.25$)下的压力场。图 6-5(b)所示为四种情况下的周向压力分布。从图 6-5(b)可以看出,考虑滑移边界时,高压区的油膜压力显著降低,同时加入非牛顿效应和滑移效应时,高压区油膜压力略有增加。压力分布的变化必然引起承载能力的变化。四种情况下的承载能力大小为 b(1.5485)>a(1.00)>d(0.716)>c(0.5292)。同时可以看出,在非线性系数和滑移长度的选取范围内,非牛顿流体的作用更为显著。

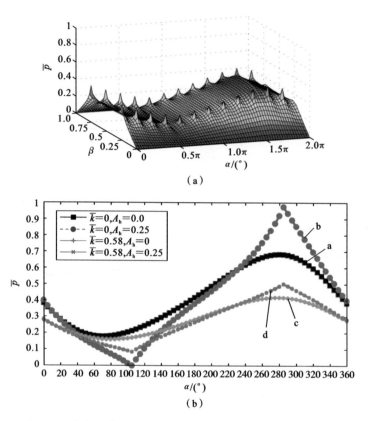

图 6-5　非牛顿情况下的压力场和四种情况下的周向压力分布
（a）非牛顿润滑与滑移边界联合作用下的三维压力场；（b）四种情况下的周向压力分布

6.3.3　稳态条件下的静动态特性

与固定偏心情况相比，轴承在稳态工况下处于稳定工作状态，外载荷和油膜承载力相平衡，轴心位置不再改变（即，$\overline{x}_J=0$，$\overline{z}_J=0$）。下面在 0.4～1.6 的外载荷范围内，对轴承静动态特性进行较为全面的分析。滑移/无滑移面参数设定为 $l_s=180°$，$w_s=0.7$，$b_s=0$，$A_h=0.25$，对滑移边界和润滑油非牛顿行为对轴承特性如最小油膜厚度、最大油膜压力、润滑油流量、摩擦转矩的综合影响进行研究。添加滑移边界条件后的最大百分比变化如表 6-1 和表 6-2 所示。

表 6-1　添加滑移边界后不同外载荷下的静态特性

静态特性参数	$\overline{k}$	$\overline{W}_0$ ($l_s=180°$, $w_s=0.7$, $b_s=0$, $A_h=0.25$)						
		0.4	0.6	0.8	1.0	1.2	1.4	1.6
	0.00	1.61	6.92	9.09	9.58	9.72	9.74	9.69
$\overline{h}_{\min}$	0.58	5.54	5.89	6.10	6.26	6.35	6.89	6.63
	1.00	4.95	5.23	5.42	5.54	5.99	5.90	5.44

续表

静态特性参数	$\bar{k}$	$\overline{W}_0\,(l_s=180°,w_s=0.7,b_s=0,A_h=0.25)$						
		0.4	0.6	0.8	1.0	1.2	1.4	1.6
$\bar{p}_{max}$	0.00	0.06	3.66	7.23	10.77	14.30	17.77	16.90
	0.58	−1.38	−1.48	−1.51	−0.88	1.82	3.68	2.78
	1.00	−1.38	−1.48	−1.51	−1.48	0.06	2.27	1.48
$\bar{Q}$	0.00	7.14	6.96	6.77	6.57	6.37	6.16	5.96
	0.58	2.28	2.30	2.32	2.33	2.34	2.59	2.53
	1.00	1.82	1.85	1.88	1.91	2.08	2.11	2.03
$\bar{T}_{fric}$	0.00	−7.16	−7.18	−7.19	−7.18	−7.16	−7.11	−7.05
	0.58	−1.93	−1.91	−1.87	−1.82	−1.76	−1.67	−1.55
	1.00	−1.58	−1.56	−1.53	−1.49	−1.43	−1.33	−1.22

表 6-2 添加滑移边界后不同外载荷下的动态特性

动态特性参数	$\bar{k}$	$\overline{W}_0\,(l_s=180°,w_s=0.7,b_s=0,A_h=0.25)$						
		0.4	0.6	0.8	1.0	1.2	1.4	1.6
$\bar{S}_{xx}$	0.00	4.30	4.44	4.58	4.71	4.82	4.88	4.87
	0.58	−1.27	−1.38	−1.46	−1.52	−1.56	−2.35	−3.28
	1.00	−1.71	−1.86	−1.96	−2.03	−2.36	−3.07	−3.85
$\bar{S}_{xz}$	0.00	−7.49	−7.80	−8.08	−8.33	−8.55	−8.72	−8.86
	0.58	−3.77	−3.64	−3.51	−3.38	−3.22	−3.97	−4.42
	1.00	−3.37	−3.23	−3.09	−2.94	−3.22	−3.69	−3.84
$\bar{S}_{zx}$	0.00	−9.89	−10.70	−11.49	−12.26	−13.00	−13.69	−14.35
	0.58	−6.05	−6.88	−7.63	−8.29	−8.85	−8.95	−8.90
	1.00	−5.65	−6.46	−7.17	−7.76	−8.12	−8.12	−8.07
$\bar{S}_{zz}$	0.00	6.78	8.26	9.68	11.01	12.23	13.33	14.28
	0.58	−0.24	−0.02	0.14	0.23	0.24	−1.59	−1.78
	1.00	−0.84	−0.71	−0.64	−0.64	−1.86	−2.17	−2.18
$\bar{D}_{xx}$	0.00	−10.40	−10.98	−11.55	−12.08	−12.58	−13.03	−13.43
	0.58	−5.42	−5.75	−6.04	−6.27	−6.45	−6.76	−6.68
	1.00	−4.90	−5.21	−5.47	−5.67	−5.95	−5.95	−5.71

动态特性参数	$\bar{k}$	$\overline{W}_0(l_s=180°, w_s=0.7, b_s=0, A_h=0.25)$						
		0.4	0.6	0.8	1.0	1.2	1.4	1.6
$\overline{D}_{xz}=\overline{D}_{zx}$	0.00	−147.5	−115.9	−92.99	−76.89	−65.14	−56.13	−49.01
	0.58	−61.26	−42.63	−32.83	−26.78	−22.59	−22.43	−19.27
	1.00	−48.23	−33.49	−25.88	−21.12	−19.90	−17.21	−14.03
$\overline{D}_{zz}$	0.00	−10.22	−10.51	−10.78	−11.03	−11.27	−11.48	−11.67
	0.58	−5.35	−5.62	−5.88	−6.12	−6.33	−6.73	−7.04
	1.00	−4.83	−5.10	−5.36	−5.60	−5.92	−6.25	−6.47
$\bar{\omega}_{th}$	0.00	0.92	1.46	2.00	2.53	3.06	3.58	4.09
	0.58	−0.86	−0.75	−0.64	−0.54	−0.44	−0.98	−0.91
	1.00	−0.99	−0.92	−0.85	−0.79	−1.11	−1.11	−0.92

图 6-6 至图 6-9 显示了在滑移边界和润滑油非牛顿行为综合影响下的混合轴承静态特性的变化。最小油膜厚度反映了承载力。从图 6-6 可以看出，在牛顿和非牛顿情况下加入滑移后，最小油膜厚度显著增大。随着外载荷的增大，加入滑移对最小油膜厚度的改善变得更显著。其中在牛顿情况下改善更为明显，分别为 9.74%，6.89%。根据表 6-1 中的数据，从承载力的角度来看边界滑移的作用同样是显著的，从图 6-7 可以看出，牛顿情况下最大油膜压力明显增大，且随着外载荷的增加增大趋势更加明显。根据表 6-1 中的数据，在非牛顿情况下，最大油膜压力在较小载荷时略有下降，最大下降 1.51%，在较大载荷时略有增加，最大增加 3.68%。图 6-8 显示了轴承流量的变化趋势。可以看出，加入滑移后，流量明显增大，且牛顿情况下这种趋

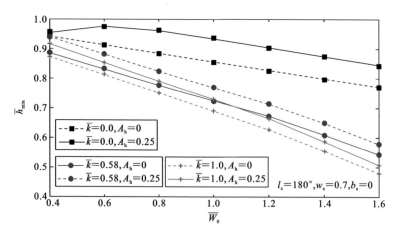

图 6-6　无滑移面与同时具有滑移、无滑移面情况下最小油膜厚度随承载力的变化

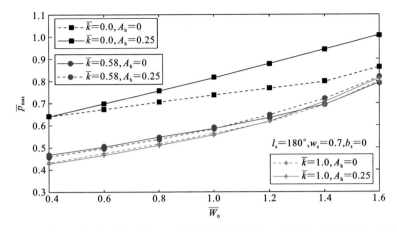

图 6-7　无滑移面与同时具有滑移、无滑移面情况下最大油膜压力随承载力的变化

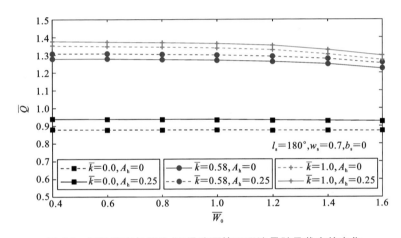

图 6-8　无滑移面与滑移/无滑移面情况下流量随承载力的变化

势更为明显。由表 6-1 还可分析出在牛顿情况下，流量的增加幅度随载荷的增加而减小，最大增加 7.14%。在非牛顿的情况下，趋势相反，最大增幅为 2.59%。随着流量的增加，润滑更加充分，冷却效果和工作稳定性提高，这是有利的。图 6-9 显示了摩擦力矩的变化，可见在加入滑移后摩擦力矩有所减小，当承载力增大时摩擦力矩的减小更为显著。而非牛顿情况下加入滑移对摩擦力矩的影响不明显。根据表 6-1 的数据牛顿情况下摩擦力矩显著减小，最多减小 7.19%，在非牛顿情况下最多减小 1.93%。摩擦力矩减小，驱动力矩会相应减小，轴承内部发热降低。基于以上分析，添加滑移边界在牛顿和非牛顿情况下都能提高动静压轴承的静态特性，且效果显著。

　　刚度和阻尼是反映轴承动态特性的基本参数，反映了混合轴承油膜抵抗外界位移和速度扰动的能力，决定了轴承在突变载荷下的响应能力和轴承系统的稳定性。图 6-10 显示了添加滑移边界后混合轴承的直线刚度和阻尼的变化。从图 6-10（a）和（b）可以看出，在牛顿情况下，$\bar{S}_{xx}$ 和 $\bar{S}_{zz}$ 都有较大幅度的增加，且随着外载荷的增加，

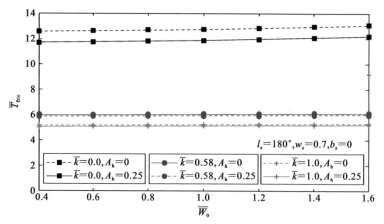

图 6-9　无滑移面与滑移/无滑移面情况下摩擦力矩随承载力的变化

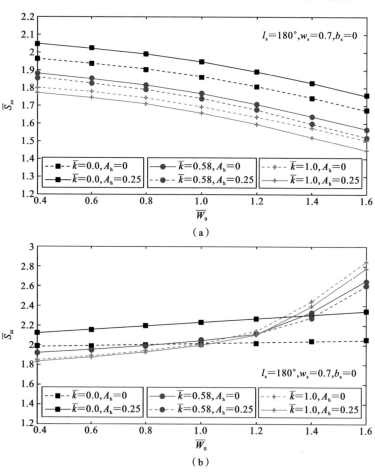

（a）

（b）

图 6-10　无滑移面与滑移/无滑移面情况下直线刚度与阻尼相对承载力的变化

（a）$\bar{S}_{xx}$；（b）$\bar{S}_{zz}$；（c）$\bar{D}_{xx}$；（d）$\bar{D}_{zz}$

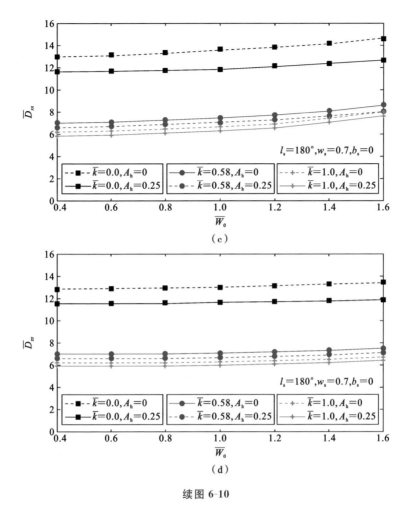

续图 6-10

趋势更加明显。由表 6-2 可知 $\overline{S}_{xx}$ 的最大增幅为 4.87%，$\overline{S}_{zz}$ 的最大增幅为 14.28%，在非牛顿情况下 $\overline{S}_{zz}$ 相对非线性系数 $\overline{k}$ 的变化趋势不明显，相对非牛顿系数总体趋势略有下降，最大降幅为 2.18%。在非牛顿情况下，$\overline{S}_{xx}$ 略有减小，随非牛顿系数变化不明显，但随着载荷的增加而有明显变化，最大降幅为 3.85%，这表明考虑滑移后流体动力学效应占比减小。直线阻尼是衡量转子系统稳定性的一个重要参数。从图 6-10(c) 和 (d) 可以看出，在加入滑移后直线阻尼明显减小，总体而言，随着载荷的增大，阻尼略有增大，这是由于最小油膜厚度增大了。与非牛顿情况相比，牛顿情况下直线阻尼的减小更为明显，$\overline{D}_{xx}$、$\overline{D}_{zz}$ 最大降幅分别为 13.43%、11.67%，非牛顿情况下最大降幅为 6.76%、7.04%。

交叉耦合刚度和阻尼反映了水平力对竖向位移的影响和竖向力对水平位移的影响。它们是造成不稳定现象的重要因素。油膜的交叉耦合刚度和阻尼是转子系统失稳的潜在威胁。从图 6-11 可以看出，在牛顿和非牛顿条件下，滑移边界条件的引入

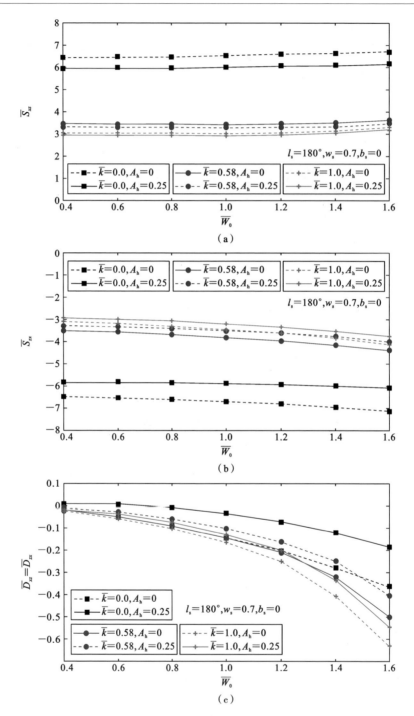

图 6-11　无滑移面与滑移/无滑移面情况下交叉耦合刚度和阻尼相对承载力的变化

(a) $\overline{S}_{xz}$；(b) $\overline{S}_{zx}$；(c) $\overline{D}_{xz} = \overline{D}_{zx}$

大大降低了动静压轴承的交叉耦合刚度和阻尼,从而减小了交叉耦合效应,有利于提高稳定性。滑移效应对交叉耦合刚度的削弱作用随载荷的增大而增大,随非牛顿系数的增大而减小。由表 6-2 可知,$\overline{S}_{xz}$ 在牛顿和非牛顿情况下最大降幅为 8.86%、4.42%,$\overline{S}_{zx}$ 在牛顿和非牛顿情况下最大降幅为 14.35%、8.95%。考虑滑移影响的交叉耦合阻尼 $\overline{D}_{xz}=\overline{D}_{zx}$ 随承载力和非牛顿系数的增大而减小,在牛顿与非牛顿情况下最大降幅达到 147.5%、61.26%。

　　动静压轴承在运行过程中的稳定临界转速是各动力学参数综合影响的结果,是混合动力轴承设计和运行中必须考虑的重要特性。从图 6-12 可以看出,在牛顿情况下,滑移边界对临界转速的影响显著,且增长趋势随着载荷的增大而增大,最大增幅为 4.09%。由表 6-2 可知,在非牛顿的情况下,滑移边界的影响不明显,最大下降 1.11%。

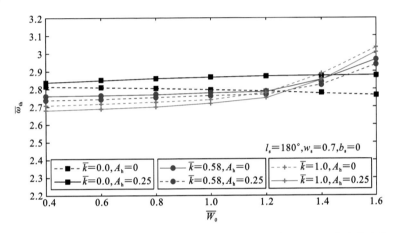

图 6-12　无滑移面与滑移/无滑移面情况下稳定临界转速相对承载力的变化

第7章 液体静压导轨静动态特性有限元计算方法及分析

液体静压导轨承载力大,具有近零摩擦、无磨损、效率高、运动平稳、能够有效隔离振动传递等优点,可同时具有高刚度和高阻尼,抗振性能明显优于气体静压导轨,在超精密加工领域获得了越来越广泛的应用。

液体静压导轨是在液体静压径向轴承的基础上发展起来的,其种类众多。液体静压导轨的分类方法主要有两种:按供油方式分类和按导轨结构分类。其中按供油方式可分为恒流量供油静压导轨和恒压供油静压导轨,按导轨结构可分为开式液体静压导轨、闭式液体静压导轨、卸荷静压导轨、平行静压导轨等。习惯上常结合供油方式和导轨结构对液体静压导轨进行命名,例如恒流量供油开式液体静压导轨、小孔节流闭式液体静压导轨、薄膜反馈节流开式液体静压导轨等。

一般来说,液体静压导轨的油腔数目不会少于2个。工程上习惯将导轨副中的运动件按其油腔数目分成若干段,每段称为一个支承单元。每个支承单元包含油垫、封油面和节流器等。支承单元性能直接决定了液体静压导轨性能,本章将采用有限元方法对小孔节流矩形静压油垫进行建模分析。

特别地,针对带腔结构的静压支承,本章提出了一种新的有限元建模方法,结合商业软件强大的网格划分能力,建立了考虑实际油腔形状和供油孔区域大小的计算模型,使计算模型更加准确。

7.1 小孔节流矩形静压油垫有限元数值计算模型

7.1.1 小孔节流矩形静压油垫结构及工况参数

1. 小孔节流矩形静压油垫结构

本章研究的小孔节流矩形静压油垫结构示意图如图 7-1 所示,图 7-2 所示是考虑两个方向倾角的油膜厚度分布示意图。其中:

x —— p 点的横坐标,mm;

y —— p 点的纵坐标,mm;

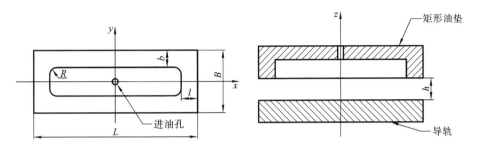

图 7-1　小孔节流矩形静压油垫结构示意图

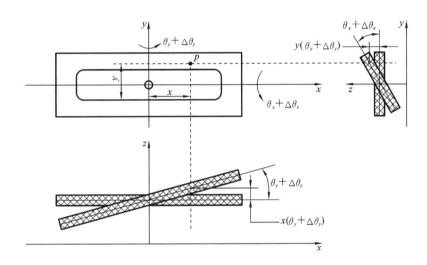

图 7-2　考虑两个方向倾角的油膜厚度分布示意图

θ_x── 油垫绕 x 轴的倾角，rad；

θ_y── 油垫绕 y 轴的倾角，rad；

h ── 油垫的设计油膜厚度；

B── 油垫宽度，mm；

b── 窄边封油边宽度，mm；

L── 油垫长度，mm；

l── 长边封油边宽度，mm；

R── 圆角半径，mm。

2. 小孔节流矩形静压油垫的结构参数及工况参数

本章所研究的小孔节流矩形静压油垫的结构参数及工况参数如表 7-1 所示。

表 7-1   小孔节流矩形静压油垫结构参数及工况参数

参 数 类 型	参 数 值
油垫长度 L	120 mm
油垫宽度 B	40 mm
长宽比 λ	$L/B=3$
封油边宽度 $l=b$	10 mm
设计油膜厚度 h	25 μm
油腔深度 H	$0\sim100h$
圆角半径 R	5 mm
节流孔径 d_0	0.3 mm
供油孔孔径 d_s	4 mm
额定供油压力 p_s	1.0 MPa
润滑油密度 ρ	822 kg/m³
润滑油黏度 μ	6.5 mPa·s

7.1.2   油膜压力控制方程

在图 7-2 中,取水平向右为坐标系的 x 轴正方向,竖直向上为 z 轴正方向。油膜厚度的表达式为

$$h=h_0+\theta_y x+\theta_x y \tag{7-1}$$

由前所述,无量纲雷诺方程的表达式为

$$\frac{\partial}{\partial \overline{x}}\left(\overline{h}^3\overline{F}_2\frac{\partial \overline{p}}{\partial \overline{x}}\right)+\frac{\partial}{\partial \overline{y}}\left(\overline{h}^3\overline{F}_2\frac{\partial \overline{p}}{\partial \overline{y}}\right)=\Omega\frac{\partial}{\partial \overline{x}}\left(\frac{\overline{h}\,\overline{F}_1}{\overline{F}_0}\right)+\frac{\partial \overline{h}}{\partial \overline{t}} \tag{7-2}$$

式中:

$$\overline{h}=\overline{h}_0+2\lambda(\overline{\theta}_x\overline{y}+\overline{\theta}_y\overline{x})$$

$$(\overline{\theta}_x,\overline{\theta}_y)=(\theta_x,\theta_y)/\alpha_0$$

其中,α_0——初始状态最大倾角,$\alpha_0=2h_0/B=2\lambda h_0/L$;$h_0$ 为初始膜厚;

$\overline{x}$——无量纲横坐标,$\overline{x}=x/L$;

$\overline{y}$——无量纲纵坐标,$\overline{y}=y/L$。

7.2　小孔节流矩形静压油垫网格划分

矩形单元网格对模型的适应性差,难以模拟圆形进油微孔及带圆角等特殊形状油腔的静压支承,采用四边形等参单元精确捕捉静压支承的几何特征,能够更好地适应带圆角的油腔结构,同时相对于采用三角形单元,具有更高的计算精度。采用 ICEM CFD 生成二维结构化网格,结合 ANSYS APDL 导出单元和节点数据,导入 Matlab 进行计算。

常规分析中没有定义供油孔尺寸,因而将供油孔用单节点替代,单节点的影响范围随网格密度的变化而变化,会导致供油孔单节点压力突变,流量计算随网格加密不收敛。因此本节参考有限差分法对供油孔的处理方式,用供油孔附近的网格来替代供油孔。由于供油孔相对于整个轴承尺寸很小,为保证网格质量,在供油孔附近横竖各切割两次,然后进行 O 形剖分。这样有助于将倾斜的网格线影响降至最低。在 ICEM CFD 中进行网格质量检查,须满足雅可比行列式准则 determinant $2\times2\times2>0.4$。矩形静压油垫网格划分流程和计算区域划分结果分别如图 7-3 和图 7-4 所示。

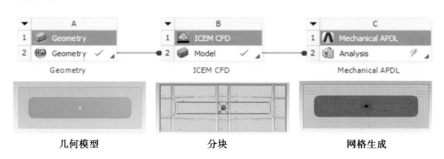

图 7-3　矩形静压油垫网格划分流程

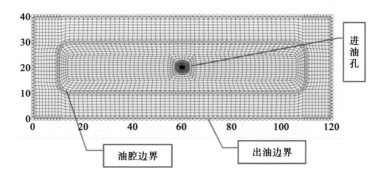

图 7-4　矩形静压油垫网格及计算区域划分

7.3 小孔节流矩形静压油垫静动态特性参数计算方法

本节所讨论的静压轴承的特性参数包括静态特性参数（润滑油流量 $\bar{Q}$，承载力 $\bar{F}_z$ 和两个方向的转矩 $\bar{M}_x$、$\bar{M}_y$）和动态特性参数（刚度矩阵 $\bar{S}$ 和阻尼矩阵 $\bar{D}$）。

总流量为每个供油孔的流量之和。油膜承载力可通过对整个油膜压力分布进行积分得到。

$$\begin{cases} \bar{F}_z = \int_\Omega \bar{p}\cos\theta_z \mathrm{d}\Omega = \sum_{e=1}^{n_e} \int_{-1}^{1}\int_{-1}^{1} \sum_{i=1}^{n_i=4} N_i\bar{p}_i\cos\theta_z\,|\boldsymbol{J}|\,\mathrm{d}\xi\mathrm{d}\eta \\[2mm] \bar{M}_x = \int_\Omega \bar{p}\bar{y}\cos\theta_z \mathrm{d}\Omega = \sum_{e=1}^{n_e} \int_{-1}^{1}\int_{-1}^{1} \Big(\sum_{i=1}^{n_i=4} N_i\bar{p}_i\Big)\Big(\sum_{i=1}^{n_i=4} N_i\bar{y}_i\Big)\cos\theta_z\,|\boldsymbol{J}|\,\mathrm{d}\xi\mathrm{d}\eta \\[2mm] \bar{M}_y = \int_\Omega \bar{p}\bar{x}\cos\theta_z \mathrm{d}\Omega = \sum_{e=1}^{n_e} \int_{-1}^{1}\int_{-1}^{1} \Big(\sum_{i=1}^{n_i=4} N_i\bar{p}_i\Big)\Big(\sum_{i=1}^{n_i=4} N_i\bar{x}_i\Big)\cos\theta_z\,|\boldsymbol{J}|\,\mathrm{d}\xi\mathrm{d}\eta \end{cases}$$

$$(7\text{-}3)$$

为求解动态特性参数（刚度矩阵 $\bar{S}$ 和阻尼矩阵 $\bar{D}$），需将雷诺方程对 $\bar{h}_0$、$\dot{\bar{\theta}}_x$、$\dot{\bar{\theta}}_y$、$\dot{\bar{h}}_0$、$\dot{\bar{\theta}}_x$、$\dot{\bar{\theta}}_y$ 分别进行求偏微分处理，参照油膜压力分布求解过程求解出 $\dfrac{\partial \bar{p}}{\partial \bar{h}_0}$、$\dfrac{\partial \bar{p}}{\partial \bar{\theta}_x}$、$\dfrac{\partial \bar{p}}{\partial \bar{\theta}_y}$、$\dfrac{\partial \bar{p}}{\partial \dot{\bar{h}}_0}$、$\dfrac{\partial \bar{p}}{\partial \dot{\bar{\theta}}_x}$、$\dfrac{\partial \bar{p}}{\partial \dot{\bar{\theta}}_y}$ 在油膜区域的分布，再分别对整个油膜区域进行积分。

$$\begin{cases} \bar{S} = \begin{bmatrix} \bar{S}_{zz} & \bar{S}_{z\theta_x} & \bar{S}_{z\theta_y} \\ \bar{S}_{\theta_x z} & \bar{S}_{\theta_x\theta_x} & \bar{S}_{\theta_x\theta_y} \\ \bar{S}_{\theta_y z} & \bar{S}_{\theta_y\theta_x} & \bar{S}_{\theta_y\theta_y} \end{bmatrix} = -\iint_{\bar{x},\bar{y}} \begin{bmatrix} 1 \\ 2\lambda\bar{y} \\ 2\lambda\bar{x} \end{bmatrix} \begin{bmatrix} \dfrac{\partial \bar{p}}{\partial \bar{h}_0} & \dfrac{\partial \bar{p}}{\partial \bar{\theta}_x} & \dfrac{\partial \bar{p}}{\partial \bar{\theta}_y} \end{bmatrix} \mathrm{d}\bar{x}\mathrm{d}\bar{y} \\[8mm] \bar{D} = \begin{bmatrix} \bar{D}_{zz} & \bar{D}_{z\theta_x} & \bar{D}_{z\theta_y} \\ \bar{D}_{\theta_x z} & \bar{D}_{\theta_x\theta_x} & \bar{D}_{\theta_x\theta_y} \\ \bar{D}_{\theta_y z} & \bar{D}_{\theta_y\theta_x} & \bar{D}_{\theta_y\theta_y} \end{bmatrix} = -\iint_{\bar{x},\bar{y}} \begin{bmatrix} 1 \\ 2\lambda\bar{y} \\ 2\lambda\bar{x} \end{bmatrix} \begin{bmatrix} \dfrac{\partial \bar{p}}{\partial \dot{\bar{h}}_0} & \dfrac{\partial \bar{p}}{\partial \dot{\bar{\theta}}_x} & \dfrac{\partial \bar{p}}{\partial \dot{\bar{\theta}}_y} \end{bmatrix} \mathrm{d}\bar{x}\mathrm{d}\bar{y} \end{cases}$$

$$(7\text{-}4)$$

稳态雷诺方程求解流程如图 7-5 所示。

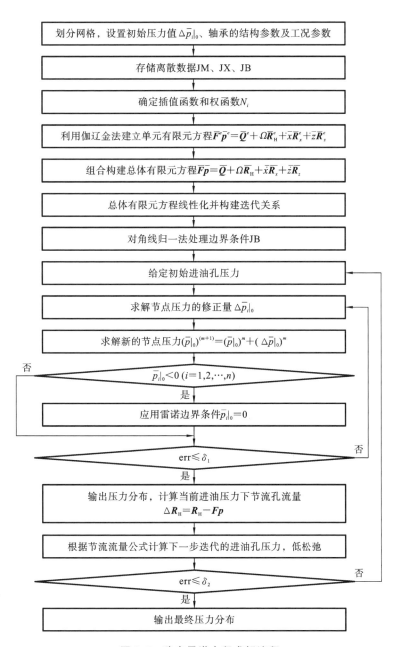

图 7-5　稳态雷诺方程求解流程

7.4 小孔节流矩形静压油垫静动态特性分析

7.4.1 网格收敛性分析和计算模型验证

本小节将根据前文介绍的求解雷诺方程及其动静态特性的方法编制相关的有限元程序,程序运行平台为 Matlab 2017b。为验证本小节所编写程序的正确性,本小节将应用所写的程序计算文献(1983 年 Rowe 的文献)中的算例,并与文献中的结果进行对比。为减小网格数量对计算结果的影响,首先进行网格数量与收敛性的验证,如图 7-6 所示。为了验证程序的适应性,分别计算油腔深度为 $2h$ 和 $60h$ 的情况下承载力和流量随网格数量的变化情况。可以发现,当网格数量超过 1000 后,在两种油腔深度情况下,静压油垫的承载力和流量均趋于稳定。为保证计算结果的准确性,同时提高运算速度,在本小节的计算中将油膜的网格划分设置为 1107 个节点。

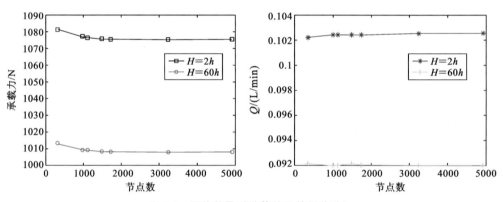

图 7-6 网格数量对计算结果的影响验证

本小节所对比的文献为 1983 年 Rowe 的文献。本小节程序的计算结果和文献中矩形静压油垫设计计算公式的计算结果对比如图 7-7 所示。从对比图可以看出,

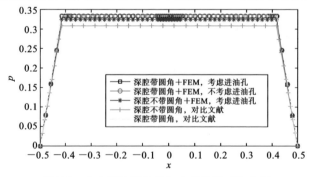

图 7-7 本小节计算结果与文献结果对比分析

本小节程序的计算结果与文献中的结果保持了较好的一致性,并且考虑供油孔尺寸和油腔圆角的计算结果与文献中的结果更加吻合,计算误差主要来源于网格数量的区别及收敛精度的设置。

7.4.2　小孔节流矩形静压油垫压力分布对比分析

图 7-8 所示为不同计算区域划分情况下深浅腔矩形油垫压力分布。其中 $\theta_x = \theta_y = 1/8\alpha_0$,考虑两个方向倾角的影响,图 7-8(a)至图 7-8(c)为深腔情况,图 7-8(d)至图 7-8(f)为浅腔情况,对比深浅腔情况下的压力分布可以看到,深浅腔的压力分布有明显的差异。浅腔情况下倾角和供油孔尺寸对压力分布影响显著。对比图 7-8(a)、(d)和图 7-8(b)、(e)可知,圆角的引入对压力分布影响不明显。对比图 7-8(c)和图 7-8(f)可知,浅腔情况下,在不考虑供油孔具体尺寸时,压力分布在供油孔处有明显的尖峰,最终将影响矩形静压油垫动静态特性参数的计算结果。

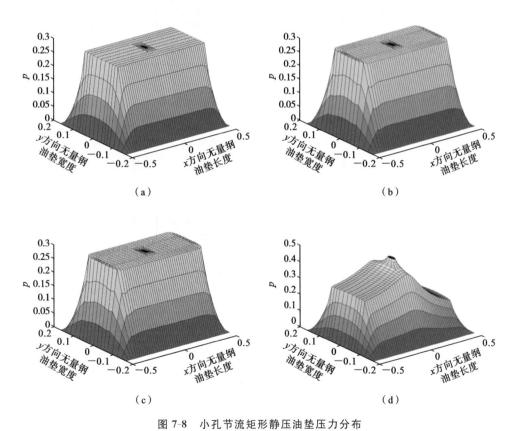

图 7-8　小孔节流矩形静压油垫压力分布

(a) $H=60h$, $R=0$ mm, $d_s=4$ mm, $\theta_x=\theta_y=1/8\alpha_0$;(b) $H=60h$, $R=5$ mm, $d_s=4$ mm, $\theta_x=\theta_y=1/8\alpha_0$;
(c) $H=60h$, $R=5$ mm, $d_s=0$ mm, $\theta_x=\theta_y=1/8\alpha_0$;(d) $H=2h$, $R=0$ mm, $d_s=4$ mm, $\theta_x=\theta_y=1/8\alpha_0$;
(e) $H=2h$, $R=5$ mm, $d_s=4$ mm, $\theta_x=\theta_y=1/8\alpha_0$;(f) $H=2h$, $R=5$ mm, $d_s=0$ mm, $\theta_x=\theta_y=1/8\alpha_0$

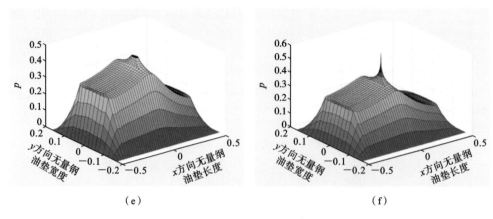

（e） （f）

续图 7-8

7.4.3 变倾角情况下，$\overline{F}_z$、$\overline{M}_x$、$\overline{M}_y$、$\overline{Q}$ 等静态特性参数随倾角的变化规律

图 7-9 所示为变倾角情况下，$\overline{F}_z$、$\overline{M}_x$、$\overline{M}_y$、$\overline{Q}$ 等静态特性参数随倾角的变化情况，其中油腔深度 $H=60h$。由于结构对称，故只需分析倾角均为正值的情况。可以看到承载力 $\overline{F}_z$ 随两个方向倾角的增大而减小，对比无倾角的情况承载力最大降幅可达 42.3%。流量 $\overline{Q}$ 随两个方向倾角的增大而增大。转矩 $\overline{M}_x$、$\overline{M}_y$ 的变化趋势与倾角的具体取值有关。

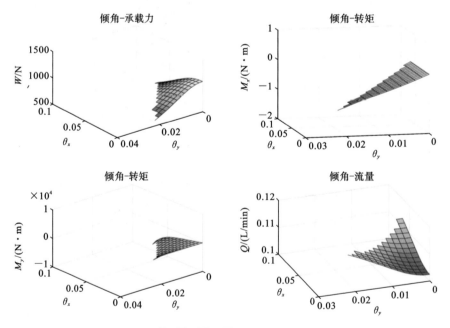

图 7-9 变倾角情况下，$\overline{F}_z$、$\overline{M}_x$、$\overline{M}_y$、$\overline{Q}$ 等静态特性参数随倾角的变化情况

7.4.4　变油腔深度情况下,$\bar{F}_z$、$\bar{M}_x$、$\bar{M}_y$、$\bar{Q}$ 等静态特性参数随油膜厚度的变化规律

图 7-10 所示为变油腔深度情况下,$\bar{F}_z$、$\bar{M}_x$、$\bar{M}_y$、$\bar{Q}$ 等静态特性参数随油膜厚度的变化情况。其中 $\theta_x=\theta_y=1/8\alpha_0$。可以看到承载力 $\bar{F}_z$ 在不同油腔深度情况下均随油膜厚度的增加呈现出单调下降的趋势,油腔深度 $H=0$ 时,承载力随油膜厚度的变化不明显;其余油腔深度情况下承载力的变化显著;对比不同油腔深度情况下的变化趋势,油腔深度 $H\geqslant 15h$ 后,承载力不再随油腔深度的变化而变化。$\bar{M}_x$、$\bar{M}_y$、$\bar{Q}$ 随油膜厚度的增大均呈现单调增大的趋势;且油腔深度 $H\geqslant 15h$ 后,$\bar{M}_x$、$\bar{M}_y$、$\bar{Q}$ 随油腔深度的变化不显著。

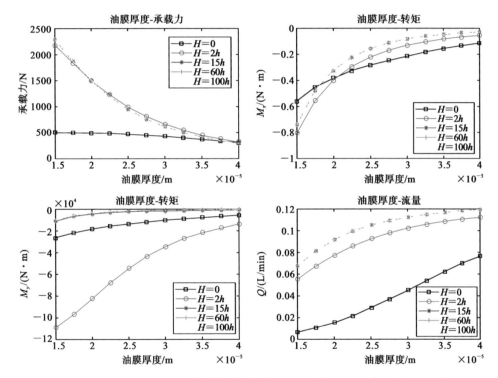

图 7-10　变油腔深度情况下,$\bar{F}_z$、$\bar{M}_x$、$\bar{M}_y$、$\bar{Q}$ 等静态特性参数随油膜厚度的变化情况

7.4.5　变倾角情况下,$\bar{S}_{zz}$、$\bar{S}_{\theta_x\theta_x}$、$\bar{S}_{\theta_y\theta_y}$、$\bar{D}_{zz}$、$\bar{D}_{\theta_x\theta_x}$、$\bar{D}_{\theta_y\theta_y}$ 等动态特性参数随油膜厚度的变化规律

图 7-11 所示为变倾角情况下,$\bar{S}_{zz}$、$\bar{S}_{\theta_x\theta_x}$、$\bar{S}_{\theta_y\theta_y}$、$\bar{D}_{zz}$、$\bar{D}_{\theta_x\theta_x}$、$\bar{D}_{\theta_y\theta_y}$ 等动态参数随油膜厚度的变化情况,其中油腔深度 $H=60h$。可以看到 $\bar{S}_{zz}$、$\bar{S}_{\theta_x\theta_x}$、$\bar{S}_{\theta_y\theta_y}$、$\bar{D}_{zz}$ 随油膜厚度的增大而减小,其中 $\bar{S}_{zz}$、$\bar{S}_{\theta_x\theta_x}$、$\bar{D}_{zz}$ 均随倾角的增大而减小,$\bar{S}_{\theta_y\theta_y}$ 随倾角的增大而增大;$\bar{D}_{\theta_x\theta_x}$ 随油膜厚度的增加呈现出增大的趋势,且三种倾角情况下数值差异明显,随倾

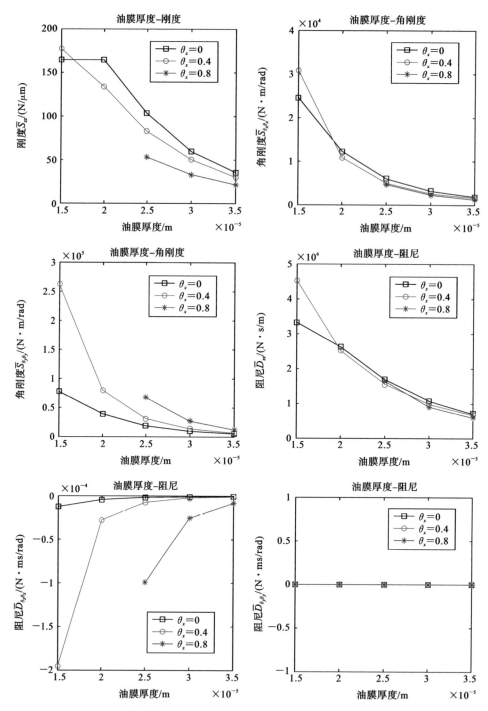

图 7-11 变倾角情况下，$\overline{S}_{zz}$、$\overline{S}_{\theta_x\theta_x}$、$\overline{S}_{\theta_y\theta_y}$、$\overline{D}_{zz}$、$\overline{D}_{\theta_x\theta_x}$、$\overline{D}_{\theta_y\theta_y}$ 等动态特性参数随油膜厚度的变化情况

角的增大而减小;由于 $\theta_y=0$,$\overline{D}_{\theta_y\theta_y}$ 不随油膜厚度变化。

7.4.6　变油腔深度情况下,$\overline{S}_{zz}$、$\overline{S}_{\theta_x\theta_x}$、$\overline{S}_{\theta_y\theta_y}$、$\overline{D}_{zz}$、$\overline{D}_{\theta_x\theta_x}$、$\overline{D}_{\theta_y\theta_y}$ 等动态特性参数随油膜厚度的变化规律

图 7-12 所示为变油腔深度情况下,$\overline{S}_{zz}$、$\overline{S}_{\theta_x\theta_x}$、$\overline{S}_{\theta_y\theta_y}$、$\overline{D}_{zz}$、$\overline{D}_{\theta_x\theta_x}$、$\overline{D}_{\theta_y\theta_y}$ 等动态特性参数随油膜厚度的变化情况。其中 $\theta_x=\theta_y=1/8\alpha_0$。可以看到 $\overline{S}_{\theta_x\theta_x}$、$\overline{S}_{\theta_y\theta_y}$、$\overline{D}_{zz}$、$\overline{D}_{\theta_x\theta_x}$、$\overline{D}_{\theta_y\theta_y}$ 在不同油腔深度情况下随油膜厚度的增大均呈现出单调下降的趋势,$\overline{S}_{zz}$ 在油腔深度 $H=0$ 的情况下随油膜厚度的增大而增大,其余油腔深度下均随油膜厚度的增大而减小。对比不同油腔深度下 $\overline{S}_{zz}$、$\overline{S}_{\theta_x\theta_x}$、$\overline{S}_{\theta_y\theta_y}$、$\overline{D}_{zz}$、$\overline{D}_{\theta_x\theta_x}$、$\overline{D}_{\theta_y\theta_y}$ 的变化趋势,油腔深度 $H\geqslant15h$ 后,$\overline{S}_{zz}$、$\overline{S}_{\theta_x\theta_x}$、$\overline{S}_{\theta_y\theta_y}$、$\overline{D}_{zz}$、$\overline{D}_{\theta_x\theta_x}$、$\overline{D}_{\theta_y\theta_y}$ 不再随油腔深度的变化而变化。

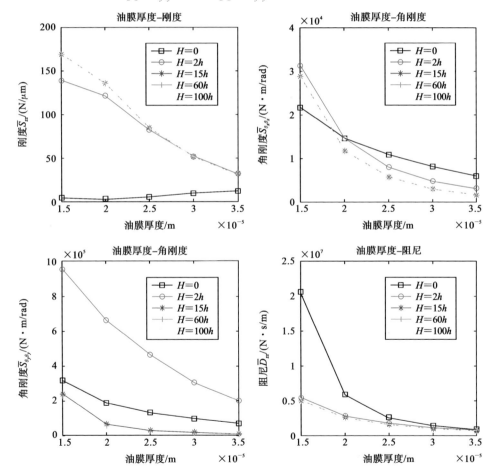

图 7-12　变油腔深度情况下,$\overline{S}_{zz}$、$\overline{S}_{\theta_x\theta_x}$、$\overline{S}_{\theta_y\theta_y}$、$\overline{D}_{zz}$、$\overline{D}_{\theta_x\theta_x}$、$\overline{D}_{\theta_y\theta_y}$ 等动态特性参数随油膜厚度的变化情况

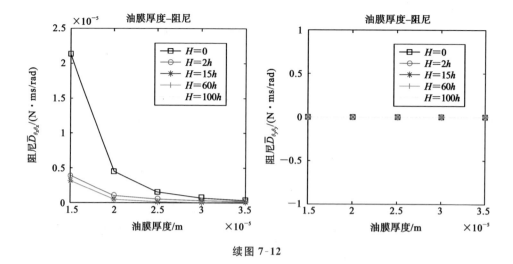

续图 7-12

参 考 文 献

[1] 李建. 液体悬浮轴承的支承性能及其影响因素研究[D]. 武汉:华中科技大学,2016.

[2] 田助新. 液体静压推力轴承支承特性及其影响因素研究[D]. 武汉:华中科技大学, 2018.

[3] 钟洪,张冠坤. 液体静压动静压轴承设计使用手册[M]. 北京:电子工业出版社, 2007.

[4] 陈燕生,等. 液体静压支承原理和设计[M]. 北京:国防工业出版社,1980.

[5] Norberto López de Lacalle L. Machine tools for high performance machining [M]. London:Springer-Verlag, 2009.

[6] Schlichting H,Gersten K. Boundary-layer theory[M]. Berlin:Springer-Verlag, 2017.

[7] Cole J A,Hughes C J. Oil flow and film extent in complete journal bearings [J]. Proceedings of the Institution of Mechanical Engineers,1956,170(1): 499-510.

[8] Cameron A,Wood W L. The full journal bearing[J]. Proceedings of the Institution of Mechanical Engineers,1949,161(1):59-72.

[9] Newkirk B L,Taylor H D. Shaft whipping due to oil action in journal bearings[J]. General Electric Review,1925,28(8):559-568.

[10] Newkirk B L. Shaft whipping[J]. General Electric Review,1924,27(3): 169-178.

[11] Tieu A K,Qiu Z L. Stability of finite journal bearings—from linear and nonlinear bearing forces [J]. Tribology Transactions,1995,38(3): 627-635.

[12] Kushare P B,Sharma S C. Nonlinear transient stability study of two lobe symmetric hole entry worn hybrid journal bearing operating with non-Newtonian lubricant[J]. Tribology International,2014,69:84-101.

[13] 陈润昌. 考虑粗糙表面的小孔节流式动静压轴承特性分析[D]. 武汉:华中科技大学,2016.

[14] Patir N,Cheng H S. An average flow model for determining effects of three-dimensional roughness on partial hydrodynamic lubrication[J]. Journal

of Tribology, 1978, 100(1):12-17.

[15] Rowe W B,Xu S X,Chong F S, et al. Hybrid journal bearings with particular reference to hole-entry configurations[J]. Tribology International, 1982,15(6): 339-348.

[16] Sharma S C, Sinhasan R, Jain S C. Elastohybrid analysis of orifice compensated multiple hole-entry hybrid journal bearings[J]. International Journal of Machine Tools and Manufacture, 1990,30(1): 111-129.

[17] Nagaraju T, Sharma S C, Jain S C. Performance of externally pressurized non-recessed roughened journal bearing system operating with non-Newtonian lubricant[J]. Tribology Transactions, 2003,46(3): 404-413.

[18] Sharma S C, Kushare P B. Two lobe non-recessed roughened hybrid journal bearing—A comparative study [J]. Tribology International, 2015, 83: 51-68.

[19] Awasthi R K, Jain S C, Sharma S C. Finite element analysis of orifice-compensated multiple hole-entry worn hybrid journal bearing[J]. Finite Elements in Analysis and Design, 2006,42(14): 1291-1303.

[20] Nagaraju T, Sharma S C, Jain S C. Influence of surface roughness effects on the performance of non-recessed hybrid journal bearings [J]. Tribology International, 2002,35(7): 467-487.

[21] Kim T W, Cho Y J. The flow factors considering the elastic deformation for the rough surface with a non-Gaussian height distribution[J]. Tribology Transactions, 2008,51(2): 213-220.

[22] Lockerby D A, Reese J M, Emerson D R,et al. Velocity boundary condition at solid walls in rarefied gas calculations[J]. Physical Review E, 2004,70(1) :017303.

[23] Bair S, Winer W O. The high pressure high shear stress rheology of liquid lubricants[J]. Journal of Tribology, 1992,114:1-9.

[24] Malik M, Dass B, Sinhasan R. The analysis of hydrodynamic journal bearings using non-Newtonian lubricants by viscosity averaging across the film[J]. Taylor and Francis Group, 2008,26 (1): 125-131.

[25] Sinhasan R, Sah P L. Static and dynamic performance characteristics of an orifice compensated hydrostatic journal bearing with non-Newtonian lubricants[J]. Tribology International, 1996,29 (6):515-526.

[26] Khatri C B, Sharma S C. Influence of textured surface on the performance of non-recessed hybrid journal bearing operating with non-Newtonian lubricant [J]. Tribology International, 2016,95: 221-235.

[27] Duvedi R K, Garg H C, Jadon V K. Analysis of hybrid journal bearing for non-Newtonian lubricants[J]. Lubrication Science, 2006,18:187-207.

[28] Fortier A E, Salant R F. Numerical analysis of a journal bearing with a heterogeneous slip/no-slip surface[J]. Journal of Tribology, 2005, 127: 820-825.

[29] Aurelian F, Patrick M, Mohamed H. Wall slip effects in (elasto) hydrodynamic journal bearings[J]. Tribology International, 2011,44(7-8): 868-877.

[30] Wang L L, Lu C H, Wang M, et al. The numerical analysis of the radial sleeve bearing with combined surface slip[J]. Tribology International, 2012,47:100-104.

[31] Rowe W B. Hydrostatic and hybrid bearing design [M]. London: Butterworth-Heinemann, 2013.

[32] Sharma S,Jain S,Basavaraja J S,et al. Influence of pocket-size on misaligned hole-entry journal bearing[J]. Industrial Lubrication and Tribology,2010,62 (5):263-274.

[33] Tian Z X, Cao H Y, Huang Y. Static characteristics of hydrostatic thrust bearing considering the inertia effect on the region of supply hole[J]. Proceedings of the Institution of Mechanical Engineers, Part J: Journal of Engineering Tribology,2019,233(1): 188-193.

[34] Masuko M, Aoki H, Makahara T. Basic study on the hydrostatic guideways: 1st report, theoretical analysis of the motion of table with a single recess[J]. Bulletin of JSME,1972,15(89):1457-1468.

[35] Jang G H, Kim Y J. Calculation of dynamic coefficients in a hydrodynamic bearing considering five degrees of freedom for a general rotor-bearing system[J]. Journal Tribology, 1999,121(3):499-505.

[36] Dong X M, Cai L G, Liu Z F,et al. Research of oil film characteristics of hydrostatic turntable under rotation and tilt[J]. International Journal of Simulation—Systems, Science & Technology,2016,17 (25):8. 1-8. 9.

[37] Shi J H, Cao H R, Jin X L. Investigation on the static and dynamic characteristics of 3-DOF aerostatic thrust bearings with orifice restrictor[J]. Tribology International,2019,138: 435-449.

[38] Guo H, Lai X M,Xu X L,et al. Performance of flat capillary compensated deep/shallow pockets hydrostatic/hydrodynamic journal-thrust floating ring bearing[J]. Tribology Transactions,2009,52(2): 204-212.

[39] Yu X D, Liu D,Meng X L, et al. Numerical simulation of the effects of

recess depth on dynamic effect of hydrostatic thrust bearing[J]. Advanced Science and Technology Letters,2013,31: 1-5.

[40]   Wang L, Jiang S Y. Performance analysis of high-speed deep/shallow recessed hybrid bearing[J]. Mathematical Problems in Engineering,2013, 2013:1-9.

[41]   Yadav S K, Sharma S C. Performance of hydrostatic tilted thrust pad bearings of various recess shapes operating with non-Newtonian lubricant [J]. Finite Elements in Analysis & Design, 2014, 87(9):43-55.

[42]   Feng S, Chen C L, Liu Z M. Effect of pocket geometry on the performance of a circular thrust pad hydrostatic bearing in machine tools[J]. Tribology Transactions,2014,57(4): 700-714.